D1934800

Vor
dem großen
Brand

Landesdenkmalamt
Baden-Württemberg

Vor dem großen Brand

Archäologie zu Füßen des Heidelberger Schlosses

Die Deutsche Bibliothek – CIP-Einheitsaufnahme

Vor dem grossen Brand : Archäologie zu Füssen
des Heidelberger Schlosses / Landesdenkmalamt Baden-
Württemberg. [Red.: Dietrich Lutz...]. – Stuttgart :
Landesdenkmalamt Baden-Württemberg, 1992
ISBN 3-927714-17-8
NE: Lutz, Dietrich [Red.]; Baden-Württemberg / Landesdenkmalamt

Impressum

Herausgegeben vom Landesdenkmalamt Baden-Württemberg,
Archäologische Denkmalpflege
Silberburgstraße 193, 7000 Stuttgart 1
© 1992 Landesdenkmalamt Baden-Württemberg
Alle Rechte vorbehalten

Redaktion: Dr. Dietrich Lutz, Christine Prohaska-Gross
und Heike Schwerdel-Schmidt
Umschlagentwurf: Helmut Brodt, Mannheim
Layout und Umbruch: Hans-Jürgen Trinkner, Stuttgart
Herstellung und Produktion: Verlags- und Redaktionsbüro
André Wais, Stuttgart
Satz: primustype Robert Hurler GmbH, Notzingen
Reproduktionen: Dieter Werner, Leinfelden-Echterdingen
Druck: Karl Weinbrenner & Söhne GmbH & Co.,
Leinfelden-Echterdingen
Printed in Germany

ISBN 3-927714-17-8

Vorwort

Die in den Jahren 1986 und 1987 unter dem Kornmarkt und dem „Prinz-Carl" in Heidelberg ergrabenen Teile des ehemaligen Bürgerspitals förderten neben bruchstückhaften Befunden zur Geschichte dieser zentralen sozialen Einrichtung und der nachfolgenden Stadtentwicklung auch eine überaus große Menge eindrucksvoller Funde, insbesondere aus Keramik und Glas zutage. Bei einer Vorschau konnten die Funde 1987 im Foyer des Rathauses erstmals der Öffentlichkeit vorgestellt werden. Der überwältigende Eindruck der gezeigten Stücke bewog den damaligen Oberbürgermeister Reinhold Zundel, dem Innenministerium Baden-Württemberg eine umfassende Präsentation der Grabungsergebnisse in einer Ausstellung im Kurpfälzischen Museum der Stadt Heidelberg vorzuschlagen. Das Landesdenkmalamt Baden-Württemberg erhielt den Auftrag, diese Ausstellung vorzubereiten, um damit auch der wichtigen Verpflichtung nachzukommen, die Öffentlichkeit schnell und umfassend über archäologische Rettungsgrabungen zu informieren. Die Grabungen standen unter Leitung von Herrn Oberkonservator Dr. D. Lutz und wurden von Herrn Grabungstechniker H. Peters, Herrn R. Auch und Frau J. Westermann vor Ort betreut. Herrn Dr. Lutz, seinen Mitarbeiterinnen und Mitarbeitern sowie dem Leiter des Referates Archäologie des Mittelalters bei der Archäologischen Denkmalpflege, Herrn Hauptkonservator Dr. H. Schäfer sei an dieser Stelle besonders gedankt.

Trotz der Schwierigkeit, daß archäologische Funde eben nicht unmittelbar nach einer Ausgrabung im Museum oder in einer Sonderausstellung präsentiert werden können, sondern daß für diese Aufgabe eine langwierige Restaurierung und wissenschaftliche Auswertung notwendig sind, gelang es knapp 5 Jahre nach Grabungsende die Idee zu realisieren. Hier darf die Personalausstattung der Archäologischen Denkmalpflege nicht unerwähnt bleiben, die es nur in Ausnahmefällen erlaubt, die wissenschaftliche Aufarbeitung von Befunden und Funden einer Grabung unmittelbar folgen zu lassen. Im Falle Heidelbergs wäre dies nicht anders gewesen, hätten sich nicht mehrere Studenten bereitgefunden, Teile der Befunde und vor allem der Funde zu bearbeiten. Es sind dies: M. Benner, E. Huwer, A. Jacob, Ch. Prohaska-Gross, K. Sarri, H. Schwerdel-Schmidt, A. Wendt. Nur so war es möglich, ein Ausstellungskonzept zu erarbeiten und in mehrjähriger Tätigkeit die Voraussetzungen für die Präsentation und für den Katalog zu schaffen. Diesen Mitarbeitern, die über einen Großteil der Zeit die Hauptlast der Arbeit getragen haben, möchte ich an dieser Stelle ganz besonders danken. Zusammen mit den Mitarbeiterinnen und Mitarbeitern der Archäologischen Denkmalpflege waren sie bereit, auch für den vorliegenden Katalog Beiträge zu verfassen. Auch dafür sei ihnen hier besonders gedankt.

Die Zusammenarbeit mit der Stadt Heidelberg war vom Grabungsende bis heute stets gut, vor allem dank der helfenden Hand von Herrn Stadtsyndikus Dr. K. Plate, der als Koordinator die nötigen Verbindungen herstellte und unvermeidliche Schwierigkeiten schnell beheben konnte. Innerhalb der Stadtverwaltung waren die Hilfe des Hochbauamtes, des Stadtvermessungsamtes, des Zeitungsmagazins, des Stadtarchivs, des Amtes für Öffentlichkeitsarbeit und – von der Sache her natürlich ganz besonders – des Kurpfälzischen Museums von unschätzbarem Wert.

Die meisten Ausstellungsstücke können nur gezeigt werden, weil es in Zusammenarbeit mit dem Badischen Landesmuseum Karlsruhe gelang, die nötigen Mittel bereitzustellen, um insbesondere die Glasfunde restaurieren zu können. Dem früheren Direktor des Badischen Landesmuseums Herrn Prof. Dr. V.

Himmelein, sowie seinem Nachfolger Herrn Prof. Dr. H. Siebenmorgen, sei an dieser Stelle sehr herzlich gedankt. Ein besonderer Dank gilt Herrn W. Knobloch und seinen Mitarbeitern vom Badischen Landesmuseum Karlsruhe sowie den Restauratoren R.-D. Blumer, Schwäbisch Gmünd, D. v. Bodelschwingh, Köln, I. Bömer, München, S. Bretz, München, S. Carp, Köln, W. Frey, Karlsruhe, K. Hubert, Konstanz, J. Liebrecht, Köln, H.-J. Ranz, München, H. Staude, Mannheim.

Herrn H. Brodt und seinen Mitarbeitern bei ID-Illustration und Design, Mannheim, ist es gelungen, aus den gelieferten Vorschlägen und Materialien ein grafisches Konzept zu entwickeln, das die archäologischen Ergebnisse adäquat umsetzt. Unterstützt wurden wir besonders bei der Katalogherstellung durch Zeichnungen von Ph. Dolmazon, Heidelberg, und Fotos von Th. Henne, Mannheim, sowie Abbildungsvorlagen zahlreicher öffentlicher und privater Museen und Sammlungen, einschl. eines privaten Leihgebers. Für die Gestaltung und redaktionelle Betreuung sei an dieser Stelle dem Verlagsbüro André Wais in Stuttgart sowie Frau Prohaska-Gross, Heidelberg, sehr herzlich gedankt.

Wir hoffen, daß der Beitrag der Archäologie zur Heidelberger Stadtgeschichtsforschung das Interesse einer breiten Öffentlichkeit finden wird.

Prof. Dr. Dieter Planck
Landeskonservator

Grußwort

Eine Stadt lebt mit und von ihrer Geschichte. Das gilt in besonderer Weise für die Stadt Heidelberg, die auf eine lange Tradition zurückblicken kann und nicht zuletzt deswegen touristischer Anziehungspunkt für Menschen aus nah und fern ist.

Für viele unserer Gäste ist die Geschichte Heidelbergs in den romantischen Ansichten von Schloß und Altstadt gegenwärtig. Die Bürgerinnen und Bürger Heidelbergs möchten jedoch gern mehr erfahren. Denn es ist von großer Faszination zu sehen, wie unsere Vorfahren ihr alltägliches Leben gestaltet haben.

Hier bieten archäologische Funde häufig die einzigen Quellen für unsere Erkenntnis, und ihre wissenschaftliche Auswertung und Präsentation vermag, Vergangenes wieder lebendig werden zu lassen.

Die in den Jahren 1986/87 durchgeführten Grabungen auf dem Heidelberger Kornmarkt und die Ausstellung ihrer Ergebnisse im Kurpfälzischen Museum der Stadt erweitern unser Bild von Heidelberg um eindrucksvolle Facetten früheren Alltagslebens.

Ermöglicht wurde dieses Projekt durch die Zusammenarbeit zwischen dem Landesdenkmalamt Baden-Württemberg und der Stadt Heidelberg. Schon heute läßt sich feststellen, daß diese Kooperation Perspektiven für die Zukunft eröffnet. Denn für die besonderen Belange der Denkmalpflege in gewachsenen Altstädten ist ein hohes Maß an Einvernehmen aller beteiligten Fachbehörden erforderlich.

Ich wünsche dieser einzigartigen Ausstellung großen Erfolg.

Beate Weber
Oberbürgermeisterin

Inhalt

Der archäologische Befund

Die Kürzel der Autorennamen

Christa Balharek	**Ch. B.**
Isabel Bömer	**I. B.**
Manfred Benner	**M. B.**
Simone Bretz	**S. B.**
Elisabeth Huwer	**E. H.**
Andrea Jacob	**A. J.**
Dietrich Lutz	**D. L.**
Christine Prohaska-Gross	**Ch. P-G.**
Harald Rosmanitz	**H. R.**
Hans-Jörg Ranz	**H-J. R.**
Kalliope Sarri	**K. S.**
Heike Schwerdel-Schmidt	**H. S-S.**
Otto Teschauer	**O. T.**
Achim Wendt	**A. W.**

Einführung in die Ausstellung

Das Zusammenspiel der Wissenschaften

Die Mittelalterarchäologie als Teil der Geschichtswissenschaft ist sowohl mit ihren Fragen, als auch mit ihren Aussagemöglichkeiten auf enge Zusammenarbeit mit der Landes-, Bau-, Kunst-, Siedlungs-, Sozial- und Wirtschaftsgeschichte sowie der historischen Volkskunde angelegt. Bei der Auswertung ihrer Quellen (Baureste, Erdschichten, Einschlüsse aller Art) arbeitet sie zunehmend mit den Naturwissenschaften zusammen. Hier sind es vor allem Geologie, Bodenkunde, Geophysik, Mineralogie, Botanik, Zoologie und Anthropologie, die mit subtilen Methoden die Aussagekraft der recht spröden archäologischen Quellen erheblich erweitert haben. Leider erlauben die Notgrabungen, zu denen die Archäologie in der Denkmalpflege in der Regel gezwungen ist, nicht immer, die Untersuchungen mit der Sorgfalt anzustellen, die nötig wäre, um alle Grundlagen für eine spätere Bearbeitung zu erschließen.
Dennoch zeigt gerade das Beispiel der Grabung auf dem Kornmarkt, welcher Zuwachs an Informationen noch möglich ist, wenn die Auswertung des Geborgenen unmittelbar an die Grabung anschließen kann, wie dies hier der Fall war.

Die Raumkonzeption

Foyer

Am Beginn steht eine Einführung in die Stadtgeschichte anhand der überlieferten Quellen, das heißt, die Geschichte der Kurfürsten, der berühmten Persönlichkeiten und großen Ereignisse. Eine Zeittafel veranschaulicht den Stand der Geschichtsschreibung ohne archäologische Forschung. Ihre Grenzen sind dort erreicht, wo die die Verfügbarkeit der Schriftquellen endet: bei der Zeit vor dem großen Brand.

Die archäologische Geschichtsforschung erschließt andere Quellengattungen. Die Bodenurkunden sind meist nur unter großem Aufwand zu heben und zu deuten. Das „Kerbholz", als eine archäologisch gewonnene Schriftquelle leitet über zur Archäologie des Kornmarktes.

Raum 1

Die Geschichte des Platzes wird in Rückschritten erzählt, die vom heute noch erhaltenen Baubestand ausgehen und bis zum einst unter dem Pflaster verborgenen archäologischen Befund führen. Von den ergrabenen Teilen werden drei Komplexe ausführlich behandelt: das Spital, der Spitalfriedhof und das „Reihenhaus".

Raum 2

Die Latrinen gehören zu den aussagekräftigsten Befunden der Grabung und bilden mit ihrem überaus reichen Fundmaterial den Kern der Ausstellung. Die Vorstellung der mittelalterlichen und neuzeitlichen Entsorgungseinrichtungen am Kornmarkt verknüpft den Befund mit den Fundgruppen Glas und Keramik, die in ihrer chronologischen Entwicklung und Formenvielfalt präsentiert werden. Es wurde versucht, die Funde in ihren ursprünglichen Funktionszusammenhang einzubinden, wie zum Beispiel bei der Rekonstruktion einer Küche um 1600, mehrerer Tischgeschirrsätze sowie der Apotheke des Ezechias Fettich. Bei der Erforschung des Kornmarktes ist es gelungen, in fruchtbarer Zusammenarbeit zahlreicher geistes- und naturwissenschaftlicher Forschungszweige neue Aspekte des Lebens und Sterbens von Menschen im Heidelberg vergangener Jahrhunderte zu beleuchten. D. L. / Ch. P-G.

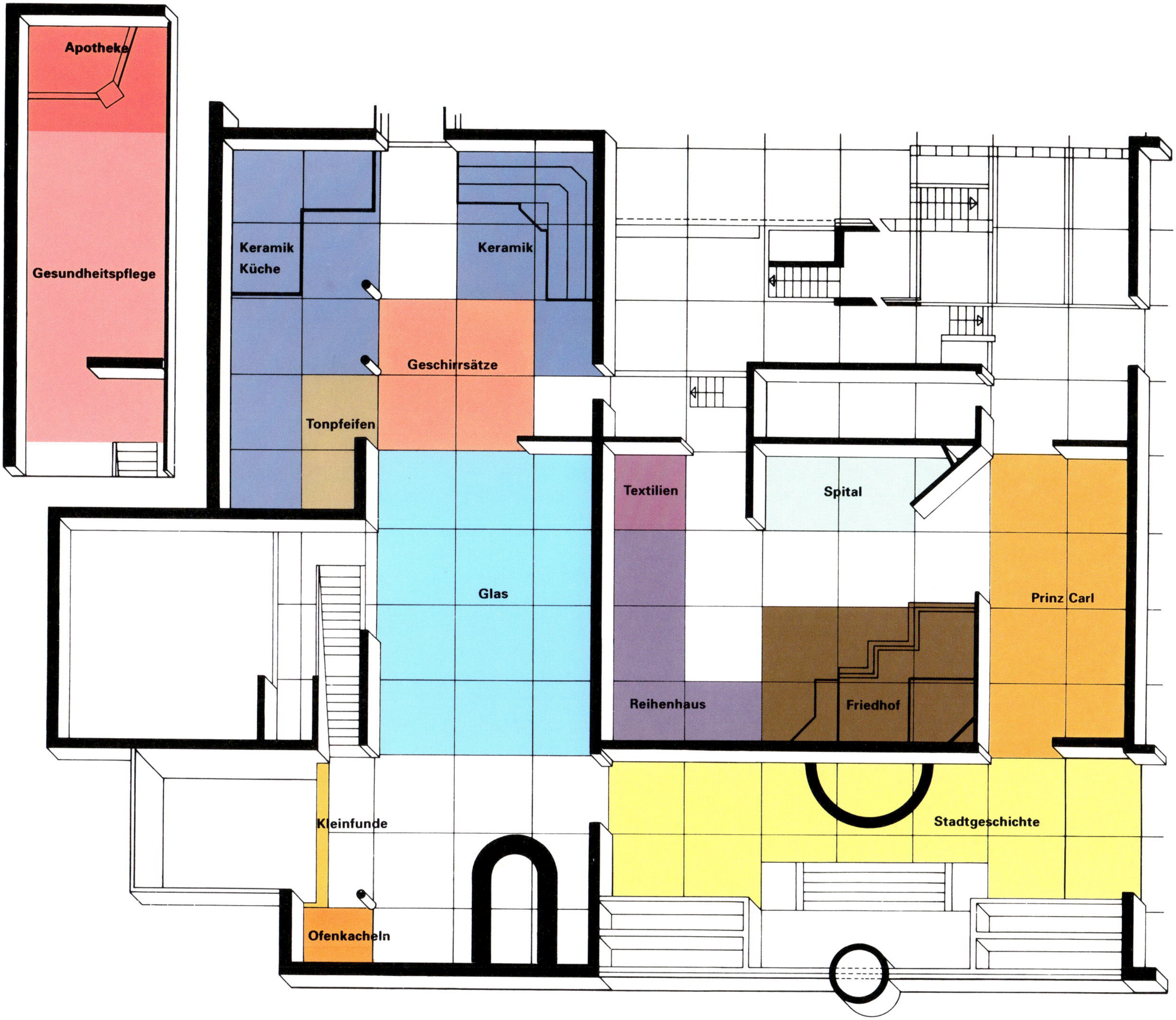

1 Stationenplan der Ausstellung

Die verlorenen Archive

Archäologische Aufgaben in Heidelberg

Die Mittelalterarchäologie hat sich im letzten Jahrzehnt beinahe ausschließlich der Untersuchung der Städte zugewandt, nachdem sie sich in ihren Anfängen in erster Linie mit Kirchen und ländlichen Siedlungen beschäftigt hatte. Dies wurde vor allem von den verstärkt ab 1970 einsetzenden Sanierungsbestrebungen ausgelöst, die dazu führten, daß in nahezu allen Städten der Bundesrepublik großflächige Veränderungen der Kernbereiche erfolgten. Dabei wurden und werden in steigendem Maße wichtige im Boden steckende Zeugnisse und damit Quellen zur Entstehung und Entwicklung unserer Städte bedroht oder zerstört.

In Heidelberg, wo beim Stadtbrand von 1693 ein großer Teil der Archivalien verbrannte, haben archäologische Quellen deshalb einen überdurchschnittlich hohen Wert für die Stadtgeschichte. Andererseits verlangen die enge topographische Situation Heidelbergs und die daraus resultierenden Verkehrsprobleme besonders viele Eingriffe in den Boden. Sie müßten hier deshalb besonders verantwortungsbewußt geplant und archäologisch optimal betreut werden. Dennoch wurden, vor allem um Parkplätze zu schaffen, seit den 70er Jahren eine Reihe von Tiefgaragen und andere großmaßstäbliche Tiefbauten im mittelalterlichen Stadtkern angelegt (Abb. 2). Dabei war es vor den einzelnen Bauarbeiten nur in sehr begrenztem Umfang möglich, der Bedeutung der Stadt angemessene Grabungen durchzuführen (Abb. 3).

2 Schematischer Plan der Altstadt Heidelbergs mit Eintrag der archäologisch untersuchten und der ohne Untersuchung ausgeräumten Flächen, Stand ca. 1985.

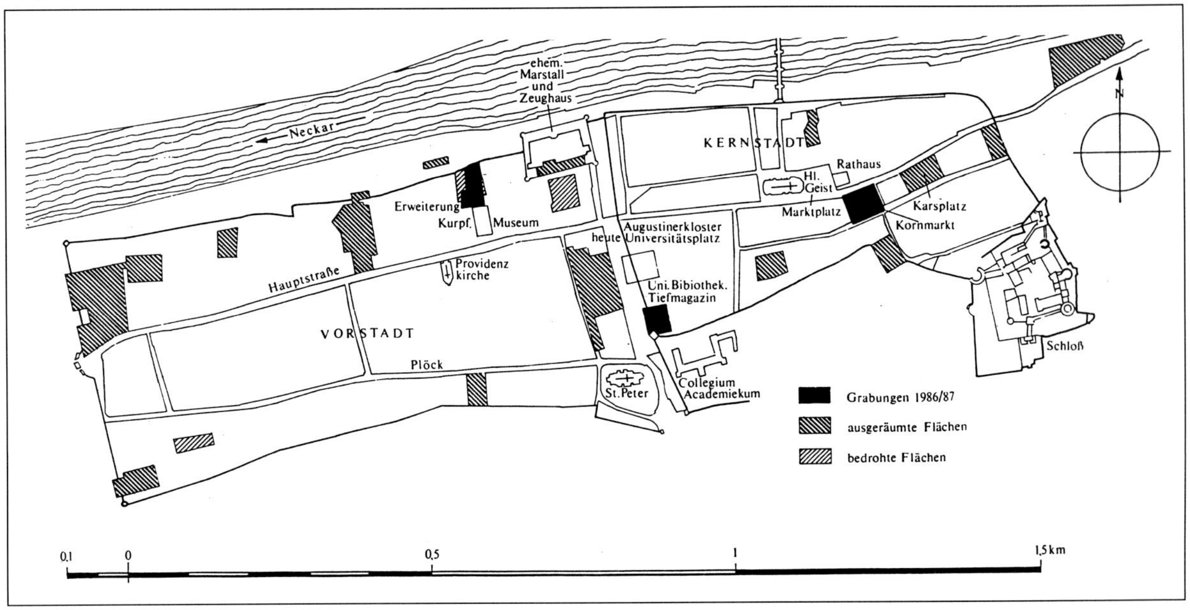

Als die Stadtverwaltung nach 1977 anstelle des abgebrochenen ehemaligen Hotels „Prinz Carl" einen Neubau plante und damit die Absicht der Errichtung einer weiteren Tiefgarage im ältesten Teil der Stadt verband, mußte die Denkmalpflege dieses Vorhaben ablehnen. Die Güterabwägung ergab jedoch, daß dem Bauwunsch der Stadt Vorrang einzuräumen sei und den denkmalpflegerischen Belangen durch eine neunmonatige Grabung Genüge getan werde.

Der mitten in der Stadt zwischen Rathaus und Schloß gelegene Platz, auf dem spätestens ab 1290 das von Pfalzgraf und Stadt gemeinsam getragene und 1556 aufgelöste Spital gestanden hatte, ist für die Stadtgeschichte besonders wichtig. Zum einen, weil mit dem Spital die bedeutendste und archäologisch bis dahin nicht erforschte Sozialeinrichtung der Stadt zur Debatte stand und zum andern, weil an der Oberbadgasse mit den Resten der Haushalte der städtischen Oberschicht zu rechnen war.

Die Grabung versuchte, von beidem möglichst viel zu erfassen, was aufgrund früherer Zerstörungen und zu knapp bemessener Grabungszeit nur unvollkommen gelang. In bezug auf das Spital ging es vor allem um den Charakter und das Niveau der Gesamtanlage und seine Entwicklung bis zur Aufgabe.

Als Ergebnis ist festzustellen, daß die Baugeschichte des Spitals in groben Zügen ermittelt werden konnte. Innerhalb einer etwa rechteckigen Umfriedung stand mit Blick zur Hauptstraße das Hauptgebäude mit rechtwinklig anschließender Kapelle. Nach Osten und Süden schloß sich ein bis ca. 1400 sehr dicht belegter Friedhof an, während die nicht erfaßten Wirtschaftsbauten im Süden und Westen gestanden haben könnten. Etwa ab 1400 wurde der Friedhof aufgelassen, westlich des Hauptgebäudes ein zweiter großer Bau mit Staffelgiebel und im Süden parallel zur Ingrimstraße ein Pfründhaus errichtet. Zugleich konnten sowohl aus den Latrinen des Spitals als auch aus denen einiger Bürgerhäuser enorme Mengen an Hausrat geborgen werden, die einen Einblick in die Lebensumstände der Bewohner ca. zwischen 1400 und 1693 geben. D. L.

3 Überblick über das Grabungsgelände von Norden (Rathaus).

Historischer Überblick

Das 1196 erstmals erwähnte Heidelberg liegt am Austritt des Neckars aus dem Odenwald auf einer hochwassergefährdeten Talsohle zwischen Neckar und Gaisberg mit Königstuhl, die sich trichterförmig nach Westen erweitert.

Im Anschluß an die wohl im 11. Jahrhundert bestehende Burg (heutiges Schloß) und den zugehörigen Burgweiler mit Pfarrkirche St. Peter auf dem Schuttkegel des Klingenbaches gründete Pfalzgraf Konrad (†1195) planmäßig die Stadt. Nach dem für viele Gründungsstädte typischen „Leitersystem" durchzieht die Hauptstraße die gesamte Stadt als Ost-Westachse. Parallel dazu verlaufen Untere Straße

	12. Jh.	13. Jh.	14. Jh.	15. Jh.
Allgemeine Geschichte	**1156 - 1190** Friedrich "Barbarossa", dt. Kaiser	**1212 - 1250** Friedrich II. von Hohenstaufen, dt. Kaiser **1250 - 1272** Interregnum (sog. "kaiserlose Zeit")	**1347 - 1350** Pestepidemie (der schwarze Tod) durchzieht Europa und dezimiert die Bevölkerung ganzer Länder **1346 - 1378** Karl IV. von Luxemburg, dt. Kaiser **1356** Goldene Bulle; bestätigt die Zahl der sieben Kurfürsten	**1400 - 1410** Pfalzgraf Rupprecht III. dt. König **1414 - 1418** Konzil von Konstanz, Verbrennung von Joh. Hus
Geschichte der Kurpfalz	**1156 - 1195** Konrad von Staufen erhält die Pfalzgrafschaft bei Rhein mit Heidelberg	**1214** Übergang der Pfalzgrafschaft an die Wittelsbacher	**1356** Pfalz wird endgültig Kurfürstentum **1353 - 1390** Regierung Kurfürst Ruprechts I. **1398 - 1410** Ruprecht III., **1400 - 1410** dt. König **1410** Pfälz. Landesteilung, die die Aufsplitterung der Pfalz in vier ungleiche Teile (Kurpfalz mit Heidelberg als Zentrum und Hauptteil, Oberpfalz um Neumarkt, Simmern-Zweibrücken und Mosbach) bis 1802 festschreibt	**1451 - 1476** Friedrich I. (der Siegreiche) vergrößert das kurpfälzische Gebiet und strukturiert dessen Verwaltung neu
Geschichte Heidelbergs	**1196** erste urkundliche Erwähnung Heidelbergs	**1225** "burgus"= stadtähnliche Siedlung **1229** "civitas"= Stadt **1235** erste Nennung der Stadtmauer **1284** Neckarbrücke am unteren Ende der Steingasse erwähnt **1290** Spital als bestehend angenommen	**1386** Gründung der Universität durch Pfalzgraf Ruprecht I. **1392** Einverleibung und Auflösung Bergheims. Seine Bewohner werden in der "Unteren Vorstadt" angesiedelt, die bald danach befestigt wird	**Ab 1400** Ausbau der Heilig- Geist- Kirche **1414** erste Erwähnung eines Rathauses

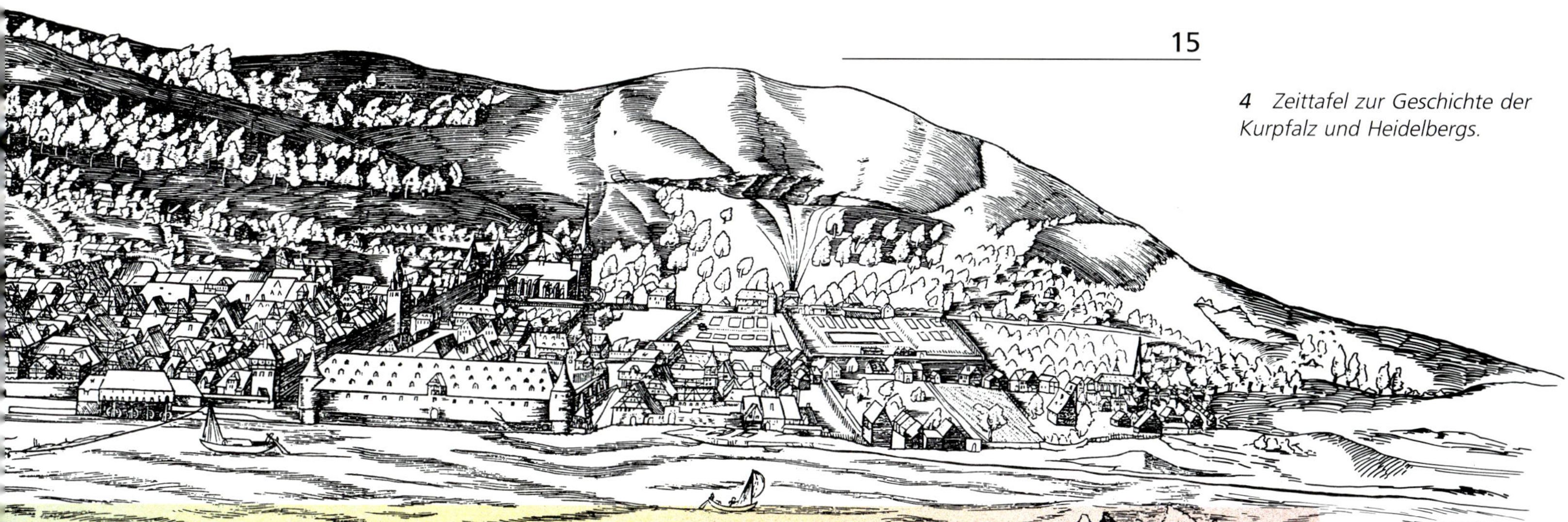

4 Zeittafel zur Geschichte der Kurpfalz und Heidelbergs.

	15. Jh.	16. Jh.	17. Jh.	18. Jh.
Allgemeine Geschichte	**1492** Entdeckung Amerikas durch Christoph Columbus, den Genuesen in spanischem Auftrag; Beginn der "Neuzeit" **1493 - 1519** Maximilian von Habsburg, dt. Kaiser	**1517** Thesenanschlag zu Wittenberg; Beginn der Reformation **1519 - 1553** Karl V., dt. Kaiser und König von Spanien **1525** Bauernaufstand **1555** Augsburger Religionsfriede (cuius regio eius religio-Bestimmung der Konfessionszugehörigkeit durch den Landesherrn)	**1618 - 1648** Dreißigjähriger Krieg **1648** Westfälischer Friede mit Aufsplitterung Deutschlands in mehrere hundert nahezu souveräne Staaten **1683** Erfolglose Belagerung Wiens durch die Türken	**1643 - 1715** Ludwig XIV., König von Frankreich (Sonnenkönig)
Geschichte der Kurpfalz	**1462** Friedrich besiegt in der Schlacht bei Seckenheim eine Koalition seiner Gegner und nimmt Markgraf Karl I. von Baden und Graf Ulrich V. von Württemberg gefangen, die er erst nach Zahlung eines hohen Lösegeldes wieder freiläßt	**1503 - 1507** bayrisch-pfälzischer Erbfolgekrieg **1508 - 1544** Ludwig V. zögert, die Reformation einzuführen **1544 - 1556** Friedrich II. schließt sich persönlich der Reformation an **1556 - 1559** Ottheinrich führt sie landesweit ein	**1610 - 1623** Friedrich V., **1619/20** König von Böhmen (Winterkönig); die Pfalz erlebt verschiedene Durchzüge und Besetzungen durch fremde Truppen **1648** Wiederherstellung der Pfalz unter Kurfürst Karl Ludwig, zeitweiliger Verlust der Kurwürde **1688 - 1697** Pfälzischer Erbfolgekrieg, durch Ludwig XIV. von Frankreich ausgelöst, bringt große Verwüstungen in der Pfalz durch General Melac	**1716 - 1742** Karl Philipp
Geschichte Heidelbergs	**1465** Kurfürst Friedrich I. erläßt eine Stadtordnung	**1518** Luther im Augustinerkloster in Heidelberg **1556** Aufhebung des Spitals auf dem späteren Kornmarkt und Verlegung ins ehemalige Dominikanerkloster **Ab 1590** Bau des Zeughauses und heutigen Marstalls **1592** Errichtung des Hauses "Zum Ritter" und wichtiger Universitätsbauten	**Ab 1614** Anlage des "Hortus Palatinus", des bedeutendsten Spätrenaissance-Gartens in Deutschland, anstelle des ehemaligen Stückgartens östlich des Schlosses **1621** Eroberung durch Tilly **1689** Einnahme und ersteZerstörung durch Truppen des französischen Generals Mélac **1693** zweite Eroberung und nahezu vollständige Zerstörung der Stadt **1697** teilweise Rückkehr der Bevölkerung	**Ab 1720** Verlegung der Residenz nach Mannheim durch Kurfürst Karl Philipp. Heidelberg verliert wichtige Funktionen und mit dem Hof die wirtschaftlich führenden Schichten

und Ingrimstraße. Die übrigen Gassen zweigen rechtwinklig ab. Im Osten und Westen verschlossen Tore die Stadt. In der Mitte wurde ein zentraler Marktplatz angelegt. Hier stand seit dem späten 12. Jahrhundert eine Kapelle. An ihre Stelle tritt ab 1400 die Stifts- und neue Stadtpfarrkirche Heiliggeist, deren Mutterkirche bis dahin St. Peter gewesen war. Vom Markt aus führt die Steingasse zur 1284 erstmals erwähnten Brücke. Im Gegensatz zur regelmäßigen Parzellierung im Zentrum zeigt der Stadtgrundriß im Osten und im Westen südlich der Hauptstraße größere ungegliederte Komplexe. Hier lagen die Besitzungen des Klosters Schönau, das Franziskaner- und das Augustinerkloster. Neben weiteren geistlichen Höfen entstanden zahlreiche Adelshöfe.

Der Verlauf der 1235 zuerst bezeugten Stadtmauer ist in Teilen heute noch zu erkennen (Graben- und Mantelgasse, Seminar- und Zwingerstraße). Stadt und Burg waren von Anfang an als Einheit konzipiert. Mit der Entwicklung zur Residenz ab dem 14. Jahrhundert wurde die Burg allmählich zum ständigen Wohnsitz der Kurfürsten ausgebaut (Befestigungswerke, Ottheinrichs-, Friedrichsbau, Englischer Bau, Hortus Palatinus). Zwischen Schloß und Peterskirche entstand im 14. Jahrhundert innerhalb der Burgfreiheit eine Siedlung der Hofbediensteten, der sog. Schloßberg, dessen Bewohner bis 1743 einen Sonderstatus genossen.

Im 14. Jahrhundert wurde die ursprünglich sehr kleine Stadtgemarkung auf die östliche (Obere) Vorstadt mit dem St. Jakobsstift ausgedehnt. Die Gründung der Universität 1386 verhalf der Stadt zu einem starken Aufschwung und führte u. a. zu neuem Wohnbedarf. Daher hob Ruprecht II. 1392 das Dorf Bergheim auf und ordnete den Umzug seiner Bewohner in die westliche (Untere) Vorstadt (Grabengasse bis Sofienstraße) an. Das Stadtgebiet wurde dadurch mehr als verdoppelt. Innerhalb der Altstadt entwickelte sich eine rege Bautätigkeit (Heiliggeistkirche, Kanzlei, Münze, Universitätsbauten besonders im Westen). Als Residenz- und Universitätsstadt erlebte Heidelberg im frühen 16. und 17. Jahrhundert seine Glanzzeit. 1577 hatte es 6300 Einwohner, die größtenteils als Beamte oder Handwerker von Hof oder Universität abhängig waren. Mit der Annahme der böhmischen Königskrone durch Friedrich V. begann der Niedergang. Nach der Erstürmung der Stadt im 30jährigen Krieg 1622 wurde sie im Pfälzischen Erbfolgekrieg 1689 von den Franzosen in Brand gesteckt und 1693 nahezu vollständig eingeäschert, wobei der größte Teil der Archivalien verlorenging. Ch. B.

Literaturhinweise

Historischer Atlas Baden-Württemberg, Karte IV, 6 mit Beiwort (1976).

J. Goetze, Die Brücke im Rahmen der Heidelberger Stadtentwicklung. In: Die alte Brücke in Heidelberg (1988).

Kreisbeschreibung Heidelberg-Mannheim, Bd. 2 (1968).

Das Kerbholz, eine archäologische Schriftquelle

Bei dem Kerbholz handelt es sich um einen 16 cm langen und 1,7 cm breiten Stab. Er ist der Länge nach gespalten und im oberen Teil durchbohrt. Im unteren Teil ist er gekerbt und weist eine Beschriftung auf (Abb. 5). Leider hat sich die Schriftsubstanz nicht sehr gut erhalten und ist nur noch zum Teil zu entziffern. „Die Schrift kann aufgrund des flüssigen und zügigen Duktus als geübt bezeichnet werden... Es handelt sich um eine Antiqua-Kursive, die wohl noch dem 16. Jahrhundert angehören dürfte" (Dr. J. Goetze, Historisches Seminar der Universität Heidelberg). Die noch lesbaren Buchstaben ergaben den Namen „Johan. Grude." Ein Einwohnerverzeichnis Heidelbergs aus dem Jahr 1588 nennt in der Sporer Gaß den Schwertfeger (Messer- bzw. Schwertschmied) Hans Grüder.

Derartige Hölzer dienten seit dem frühen Mittelalter als Forderungs- und Quittungsbelege. Dabei wurde auf einem Holz die Schuld oder die zu liefernden Mengen eingekerbt, der Name des Schuldners vermerkt und dann das Holz gespalten. Ein Teil, der Stock, mit der Schrift verblieb beim Gläubiger, den anderen Teil, den Einsatz, erhielt der Schuldner. Nur im Falle der Bezahlung oder Lieferung kamen beide Teile wieder zusammen. Im Stadtarchiv von Ulm befinden sich einige Exemplare, die als Nachweis für die Tilgung der Schuld zusammen aufbewahrt wurden. Bei dem Stück vom Kornmarkt handelt es sich um den Stock. Es ist nicht klar, welchem Zweck das Kerbholz in unserem Falle gedient hat.

A. J.

5 Kerbholz aus einer Kornmarktlatrine mit Inschrift.

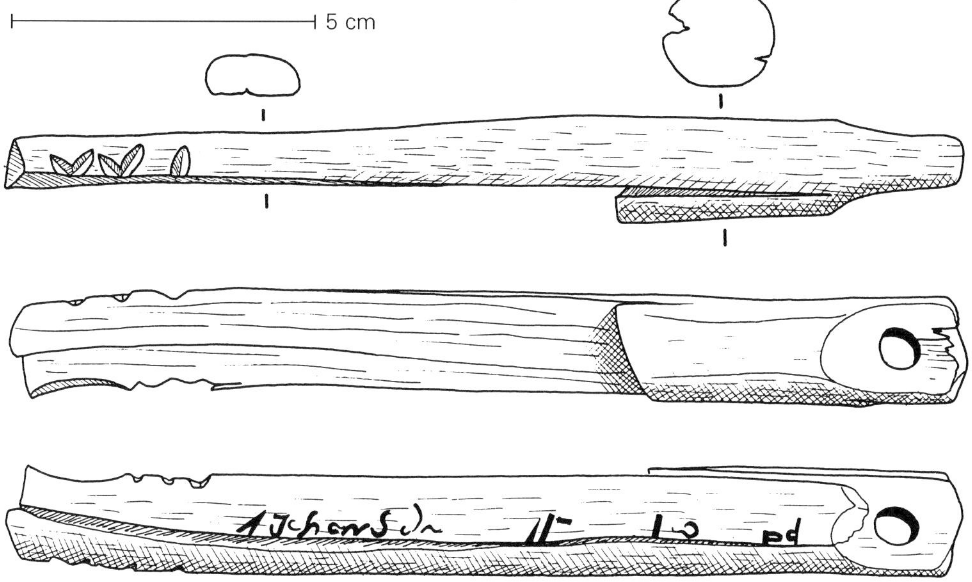

Der archäologische Befund

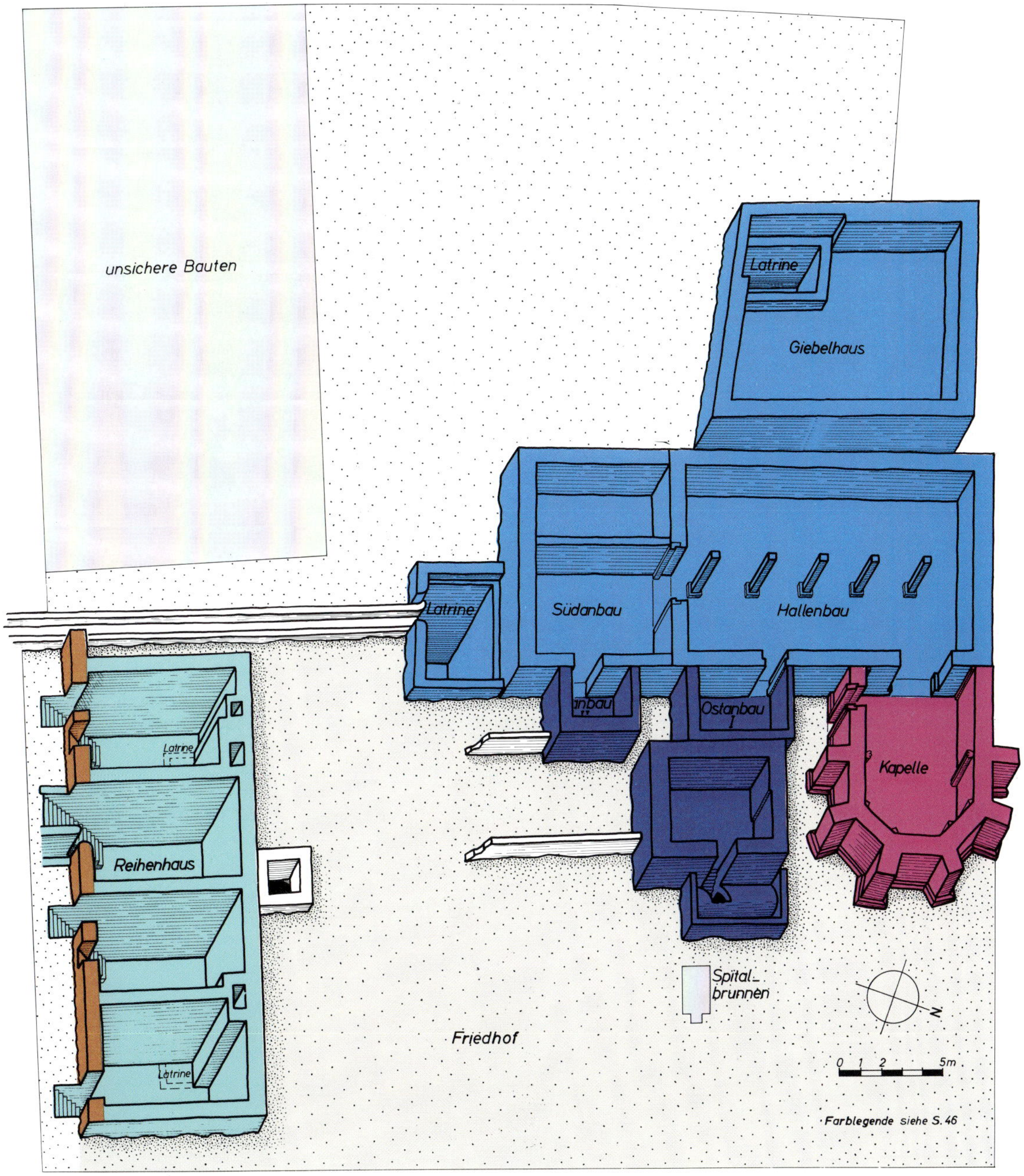

Das Heidelberger Spital

Einleitung

Der Entstehung der Stadt als Anhängsel der Burg der Pfalzgrafen verdankt Heidelberg seine beengte Lage zwischen Neckar und Schloßberg, die Stadtplanung und -entwicklung von Anfang an einschränkten und Erweiterungen nur nach Westen zuließen.
Neben dem Fluß als wichtiger Verkehrsader drängen sich heute Bahn und Straße auf engem Raum, erstere umging die Stadt bereits im 19. Jahrhundert durch einen Tunnel unter dem Schloßberg, ein Teil der Straßen folgte in den 60er Jahren. Die Entwicklung seit 1970 zeigte, daß die Stadt die hereinströmenden Fahrzeuge nicht mehr aufnehmen konnte. Ausweg aus dem Dilemma schien der Bau von Tiefgaragen, die die „Attraktivität" sowohl für Bewohner als auch Besucher erhöhen sollten. In der Folge entstanden sowohl unter einzelnen Baublöcken als auch vor allem unter den bis dahin freien Plätzen eine Reihe von Tiefgaragen (vgl. S. 12, Abb. 2).
Als die Planungen für den abgebrochenen „Prinz Carl" begannen, die eine Unterkellerung des ganzen Kornmarktes vorsahen, meldete die Denkmalpflege schwerste Bedenken an. Der seit der Mitte des 16. Jahrhunderts nicht mehr überbaute Platz enthielt vermutlich sowohl Zeugnisse des Spitals als auch Reste aus der bisher so gut wie unbekannten Frühzeit Heidelbergs sowie möglicherweise die Hinterlassenschaft einer städtischen Oberschicht, die an der Oberbadgasse wohnte. Es waren also, grob gesprochen, Befunde und Funde von der Stadtgründung bis ins späte 17. Jahrhundert zu erwarten. Dabei kam dem Platz insofern besondere Bedeutung zu, als seine Lage zwischen städtischem Markt mit Rathaus und Burgweg mit Schloß vor allem qualitativ herausragende Befunde und Funde erwarten ließ.
Da die Stadt im pfälzisch-französischen Erbfolgekrieg einen erheblichen Teil ihrer Archivbestände verloren hat, haben archäologische Quellen bis zu dieser Zeit erhöhte Bedeutung. Deshalb wäre es dringend nötig gewesen, wenn eine unversehrte Erhaltung des Platzes nicht zu erreichen war, daß eine optimale Grabung angestrebt wurde. Aus verschiedenen Gründen war dies nicht möglich, so daß am Ende eine neunmonatige Notgrabung blieb, die nur einen Bruchteil der im Platz enthaltenen Quellen (Befunde und Funde) erheben konnte.
Den Hauptgewinn der Grabungen stellt eine nach Tonnen zu messende Menge an Funden dar, deren Qualität teilweise zudem so hervorragend ist, daß sie als ein wesentlicher Beitrag zur Kulturgeschichte Südwestdeutschlands angesehen werden können. Die Erträge zur Frühgeschichte Heidelbergs dagegen waren aus den obgenannten Gründen sehr spärlich. Es gibt einige wenige Befunde und Funde aus der Zeit vor der Spitalgründung, die vielleicht in die Zeit bis um 1200 zurückreichen. Sie genügen nicht, um die Art der Besiedlung des Platzes eindeutig zu charakterisieren, doch ergaben sich keine Anhaltspunkte dafür, daß die Struktur anfänglich anders war. Ebenso begrenzt blieben die Aufschlüsse zur Bebauung entlang der Oberbadgasse. Hier hatten dauernde Nutzung und willkürliche Eingriffe nach 1977 die Beobachtungsmöglichkeiten auf wenige Reste reduziert. Deshalb kann die wichtige Frage, ob dieser Streifen ursprünglich zum Spital gehörte, allenfalls tendenziell positiv beantwortet werden. D. L.

Spitäler im Mittelalter

Hospitäler waren seit der Spätantike und während des ganzen Mittelalters durch das Gebot christlicher Nächstenliebe begründete karitative Institutionen.

Sie hatten die Aufgaben von Altersheimen, Witwen-, Waisen- und Krankenhäusern sowie von Pilgerherbergen. In Mitteleuropa gab es sie seit dem 9. Jahrhundert. Ihre Blüte erlebten sie im Spätmittelalter vom 13. bis zum frühen 16. Jahrhundert.
Spitäler enstanden zunächst hauptsächlich in der Folge des Aachener Konzils von 816 bei Bischofssitzen und Klöstern und an den großen Pilgerstraßen nach Santiago de Compostela (Nordspanien) und Rom und waren so Teil geistlicher Sozialfürsorge. Mit dem Aufblühen der Städte ab dem 11. Jahrhundert trat ein allmählicher Wandel ein, indem Neugründungen nun überwiegend dort erfolgten, wo sie vor allem die Funktion des Altersheimes und der Fremdenherberge hatten. Dabei blieb die geistliche Leitung zunächst noch gewahrt, und das tägliche Leben in den Spitälern vollzog sich vielfach nach der Regel der Augustiner. Die eigentliche ärztliche Versorgung spielte während des Mittelalters eine untergeordnete Rolle. Das Gebot der Herbergsgewährung trat vielfach in Konkurrenz zum Sicherheitsbedürfnis der Städte, das Fremde möglichst von den Toren abzuhalten suchte. Um ihnen dennoch Obdach zu gewähren, ohne sie in die Stadt zu lassen, wurden die Spitäler vielfach am Stadtrand oder außerhalb der Mauern errichtet, in die sie nicht selten bei einer späteren Stadterweiterung einbezogen wurden.
Beginnend mit einfachen Gebäuden, die zunächst nur die Wohnung des geistlichen Spitalvorstandes, eine Küche mit Feuerstelle und den Schlafsaal umfaßten, entwickelten sich die Spitäler zu vielgliedrigen Anlagen, wobei die Trennung der Schlafräume für Männer und Frauen am Beginn stand. Ihre wichtigsten Bauten waren das Pfründhaus oder Altenheim, der Krankensaal mit Kapelle, die Verwaltungs- und Wirtschaftsgebäude, der Friedhof und die Um-

6 Ausschnitt aus dem großen Krankensaal des Hôtel Dieu in Paris um 1500. Charakteristisch ist die Aufstellung der Betten entlang der Außenwand des Saales und ihre Belegung mit mehreren Kranken. Hinzu kommt ein kleines Kästchen mit den persönlichen Habseligkeiten der Insassen. Ebenso gehört der Altar im Hintergrund zu den regelmäßigen Ausstattungsstücken eines Krankensaales, wie dies zum Beispiel in Beaune (Burgund) heute noch zu sehen ist; Holzschnitt, Bibl. Nationale Paris.

fassungsmauer, ohne daß sich für Zahl und Anordnung ein verbindlicher Kanon herausbildete.
Getragen wurden die Spitäler überwiegend von Stiftungen der Bürger und geistlicher und weltlicher Fürsten, die entsprechend ihrem Anteil an der Fundierung Einfluß auf die Verwaltung nahmen. In den Städten spielten bürgerliche Stiftungen die Hauptrolle, weshalb die Räte sich früh und mit Erfolg um ihre Verwaltung bemühten. Meist wirkten Ratsausschüsse als ihre Vorsteher und Kassenverwalter, deren Vermögen zum Teil bis heute bestehen.
Neben dem „Bürgerspital" blieb das klösterlich bestimmte und geführte Hospital bis zum Ende des Mittelalters durchaus bestehen und erfüllte seine Aufgabe als Pilgerherberge und Spital sowohl in Städten als auch bei Klöstern. Im späten Mittelalter trat zunehmend auch das landesherrliche, fürstliche Spital hinzu, die wachsende Bedeutung staatlicher Sozialpolitik mancherorts durch herausragende Bauten (z. B. Juliusspital in Würzburg) unterstreichend.
Die Verwaltung und Bewirtschaftung der Hospitäler lag zunächst in den Händen der geistlichen Einrichtungen, die sie betrieben. Sie ernannten meist einen Kanoniker, der den Spitalbetrieb leitete und dem Betreiber gegenüber Rechnung legte. Bei den bürgerlichen Gründungen, die zunächst ebenfalls unter geistlicher Leitung standen, setzte sich ab dem 13. Jahrhundert zunehmend die städtische Pflegschaft durch, die darin bestand, daß ein vom Magistrat ernannter Pfleger in den Vorstand des Spitals aufgenommen wurde. Neben den Pflegern beschäftigten die Spitäler eine größere Zahl von Bediensteten im Wirtschaftsbetrieb, die nicht selten die Zahl der Spitalinsassen überstieg. In kleinen Orten blieb es jedoch meist bei einem Spitalpfleger, der vielfach zugleich auch Leiter des Wirtschaftsbetriebs war.
Ergänzt wurden die städtischen Sozialeinrichtungen durch private und öffentliche Badstuben, in denen neben der Körperpflege (Baden, Rasieren und Haare schneiden) auch wundärztliche Versorgung und kleine Operationen (Aderlassen usw.) vorgenommen wurden. Da sie zum Teil mit Schankrecht ausgestattet waren, sind sie als eine Wurzel des Gastgewerbes anzusehen.
Für ansteckende Krankheiten (besonders Aussatz usw.) wurden außerhalb der Städte sog. Sondersiechenhäuser oder Leprosarien eingerichtet, in die die Betroffenen vielfach zwangsweise eingewiesen wurden, nachdem sie zuvor regelrecht bürgerlich für tot erklärt wurden.
Als letztes seien die Beghinen- und Beghardenhäuser genannt, freiwillige Vereinigungen, die teilweise in Anlehnung an die Franziskanerregel lebten. Bei den Frauen (Beghinen) spielte neben Kontemplation und Gebet die Kranken-, Alten- und Armenpflege eine wichtige Rolle, während die Männer sich stärker aufs Almosensammeln verlegten.
Ergänzt wurde das medizinische Personal je nach Qualität der Stadt ab dem späten 13. Jahrhundert durch angestellte und frei praktizierende Ärzte, Scherer (Wundärzte), Hebammen und Apotheker. Letztere setzten sich erst gegen Ende des Mittelalters in größerem Umfange durch, da die Ärzte vielfach Medizinen selbst zubereiteten und darin wohl auch eine zusätzliche Einkommensquelle sahen. D. L.

Literaturhinweise

Hospitäler der Städte. In: Stadt im Wandel, Landesausstellung Niedersachsen 1985, Bd. 2, 1048 ff.

D. Jetter, Geschichte des Hospitals. Bd. I, Westdeutschland. Von den Anfängen bis 1850 (1966).

D. Leistikow, Mittelalterliche Hospitalbauten Norddeutschlands. In: Stadt im Wandel, Landesausstellung Niedersachsen 1985, Bd. 4, 223 ff.

U. Lindgren, Hospital, Lex. des Mittelalters 5. Bd. (1990), 133 ff.

S. Reicke, Das deutsche Spital und sein Recht im Mittelalter (1932).

Schriftquellen zur Spitalgeschichte

Die schriftlichen Quellen zur Geschichte des Heidelberger Spitals sind – im Gegensatz zur Lage in ande-

ren Städten – sehr spärlich. Folgende Aufzeichnungen erwähnen das Spital:
1290 erste Nennung der bestehenden Einrichtung anläßlich einer Stiftung und **1327** in ähnlichem Zusammenhang.
Im selben Jahr und **1387** werden ein beziehungsweise mehrere am Spital wirkende Priester genannt.
1368 befreit König Ruprecht die Güter des Spitals von Atzung, Schatzung, Beeth und Steuer.
1551 wird es von Kurfürst Friedrich II. mit Erlaubnis Papst Julius III. säkularisiert und
1556 in das ehemalige Dominikanerkloster in der Vorstadt verlegt. Die Spitalgebäude werden auf Universität, Stadt und Sapienzkolleg verteilt und wenig später zur Anlage des Neuen Marktes (heutiger Kornmarkt) teilweise abgebrochen.
So weit das dürre Gerüst der schriftlichen Quellen. Über die Verwaltung vom 14. Jahrhundert bis zur Verlegung wissen wir ebenfalls nicht viel. Es sieht so aus, als hätten sich Stadt und Kurfürst diese Aufgabe geteilt, wobei der Kurfürst in wichtigen Sachen das letzte Wort hatte. Der Stadtrat bestellte drei Pfleger, von denen einer stets der pflälzische Haushofmeister, einer ein Stadtrat und der dritte entweder ein Bürger oder ein Geistlicher war. Die tägliche Arbeit oblag einem Spitalmeister, der zugleich meist auch Pfründner war. Er versorgte die Insassen und verwaltete die Spitalgüter. Über die Rechtsstellung und etwaige Mitwirkung der Spitalinsassen wissen wir nichts. Auffällig ist, daß Kirche und andere geistliche Einrichtungen von der Verwaltung offenbar weitgehend ausgeschlossen waren. Ch. B. / D. L.

Der archäologische Befund – Die ältere Bauperiode

Aus den eingangs dargestellten Gründen war das Kornmarktareal durch ältere Eingriffe in seinem Befundbestand bereits erheblich beeinträchtigt. Zudem konnten nur Teile der von dem Neubau betroffenen Fläche mit hinreichender Sorgfalt untersucht werden, so daß das Ergebnis nicht in jeder Hinsicht tragfähig erscheint. Dennoch ist es gelungen, die Spitalentwicklung in groben Zügen zu erhellen. Dabei konnten zwei Hauptbauphasen ermittelt werden, deren erste etwa von der 2. Hälfte des 13. Jahrhunderts bis gegen 1430 reicht, die zweite bis zur Auflösung des Spitals 1556.

Die ältere Periode

Der Hallenbau oder große Krankensaal
Als ältesten Bestandteil des Heidelberger Spitalbezirks hat die Kornmarktgrabung einen Rechteckbau ermittelt, der – von Nord nach Süd gerichtet und mittig innerhalb des Spitalquartiers angelegt – mit seiner nördlichen Giebelseite an die hier vorbeiziehende Hauptstraße der Heidelberger Altstadt grenzte (Abb. 7). Der unvollständig erfaßte Bau, dessen Westwand bei der Anlage tiefer Keller im Osttrakt des ehemaligen Hotels Prinz Carl zerstört wurde und dessen Nordwand außerhalb der Grabungsgrenzen liegt, mißt im Lichten etwa 15 m in der Längsrichtung und 9 m in der Breite. Das in wenigen Lagen erhaltene aufgehende Mauerwerk des 1556 nach Auflösung des Spitals und Teilabbruch der zugehörigen Gebäude bis auf Fußbodenhöhe niedergelegten Bauwerks ist zweischalig aus sorgfältig zugerichteten, schichtweise verlegten Buntsandsteinen hergestellt. Die Mauerstärke beträgt durchgehend 80 cm. Der als einschiffige, nicht unterkellerte Halle angelegte Massivbau war, wie Sondagen zeigten, über älteren, nicht näher differenzierbaren Besiedlungsresten errichtet. Spuren eines gleichgearteten Vorgängerbaues ließen sich nicht feststellen. Fassade und Haupteingang des Gebäudes lagen an der für die Grabung unzugänglichen Straßenseite. Zur Erstanlage gehörige, vom Gebäudeinneren nach außen führende Nebentüren von knapp 1 m lichter Breite befanden sich auf der Ost- und Südseite; im Osten 3,5 m und im Westen 2,5 m von der hier erhaltenen Innenecke des Gebäudes entfernt. Wie Profilaufschlüsse innerhalb des Baues erkennen ließen, war

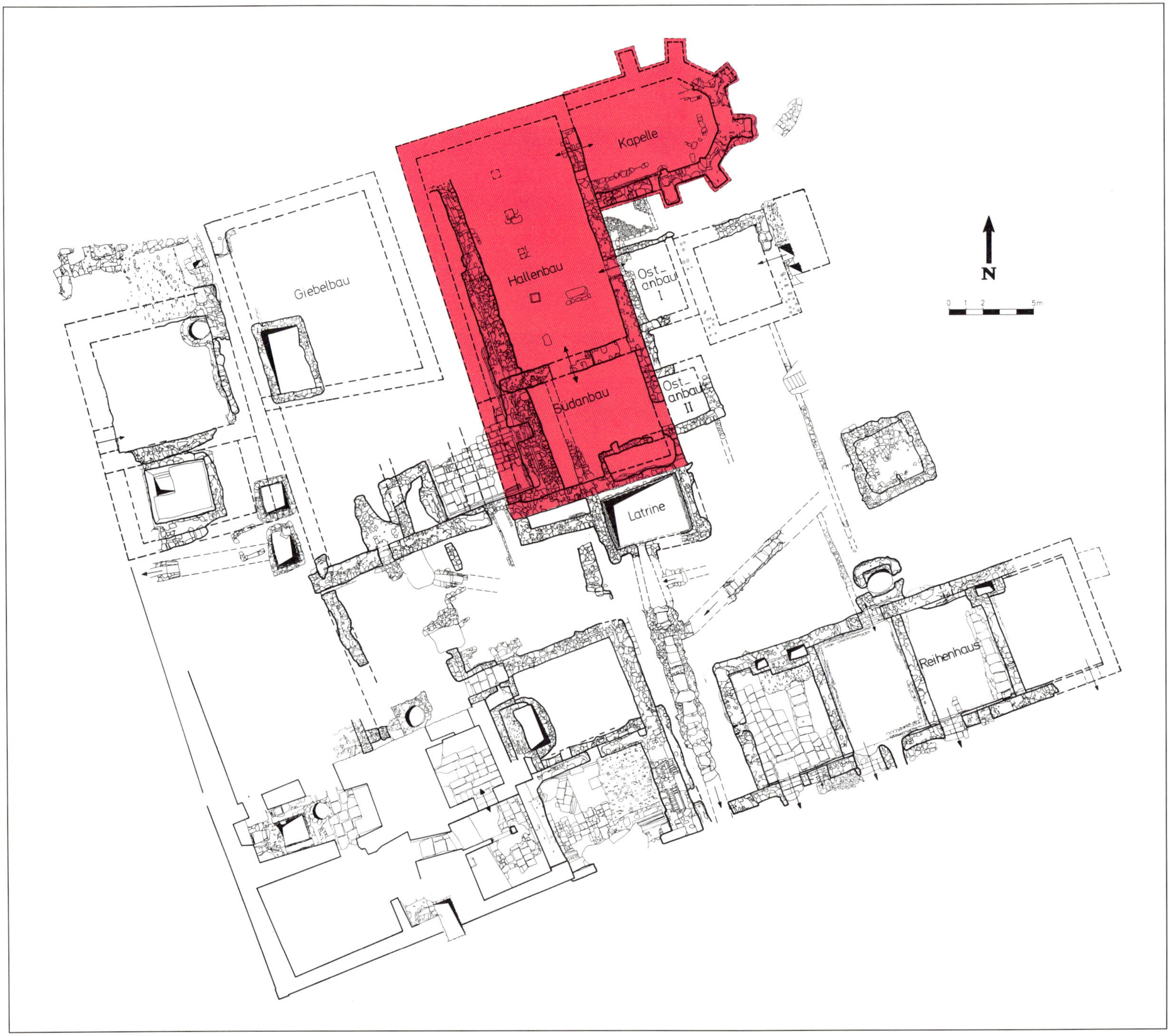

7 Spital, Befundplan. Die zur älteren Periode gehörigen Bauten wurden ergänzt und hervorgehoben.

der Hallenbau von Anfang an mit schlichten Lehmfußböden ausgestattet, die – oft erneuert – in dichter Folge übereinander aufgebracht waren. Unterschiedliche Abfolgen der Bodenaufbringungen in der Ost- und Westhälfte des Raumes, sowie gelegentlich beobachtete Störungen können als Indizien für abweichende Nutzungsbedigungen im Gebäudeinneren bzw. als vielfach veränderte und erneuerte Binnenteilungen in Leichtbauweise angesprochen werden. Mangels zusammenhängender Flächenbefunde ist diese Vermutung jedoch nicht näher zu präzisieren.

Obwohl die Grabung, außer dem zur Hälfte ergänzten Grundriß, über Erschließung, vermutlich vorhandene Binnengliederungen und äußere Baugestalt kaum konkrete Anhaltspunkte lieferte, kann der erschlossene Hallenbau aufgrund von Analogien aber auch vermittels des charakteristischen, zwar gleichermaßen schlecht erhaltenen aber eindeutig bestimmbaren Kapellenanbaues auf der Ostseite, als Krankensaal des Spitals identifiziert werden.

Die Spitalkapelle

Wie die Grabung eindeutig ergab, wurde nachträglich, jedoch offenbar in kurzem zeitlichen Abstand, die Kapelle im rechten Winkel und mit der Traufseite zur Hauptstraße an die bereits bestehende Halle angesetzt. Ob vor Errichtung der Kapelle innerhalb des Hallenbaues ein Sakralbereich – unabdingbar für ein mittelalterliches Spital – an besonderer Stelle ausgewiesen war, ist der Befundlage nicht zu entnehmen. Spuren eines Vorgängerbaues der Kapelle, die wie der Hallenbau über älteren Bebauungsresten errichtet wurde, haben sich nicht gefunden. Die erhaltenen Reste, die wie die Halle 1558 niedergelegt wurden, lassen einen einschiffigen Gewölbebau erkennen, der einen Chor im Fünfachtelschluß (Abb. 8) besaß und mit einem großen Rechteckjoch an die Ostwand des Hallenbaues anschloß. Eine nachträglich eingesetzte, mit Quadern gefaßte und vermutlich als Spitzbogen ausgeführte Öffnung von annähernd 2 m lichter Weite, deren südliche Sockellage aufgefunden

8 Spitalkapelle, Grabungsfoto von Südwest. Mauerwerksaufbau mit Schrägsockel der Kapellensüdwand und Strebepfeilerfundament am Ansatz des Chores. Die Ostseite des Chores ist durch das Brunnenfundament des 18. Jahrhunderts überlagert.

wurde, verband – ähnlich wie ein Triumphbogen im herkömmlichen Kirchenbau – den Nordteil der Spitalhalle mit der Kapelle (Abb. 9), eine Seitenpforte in der Südwand führte auf den südlich und östlich gelegenen Spitalfriedhof. Aus Gründen der Symmetrie können als lichte Maße des einschiffigen Raumes etwa 8 auf 5,5 m angenommen werden. Von der ursprünglichen Ausstattung des Raumes, dessen Bodenniveau etwas über dem des Hallenbaues gelegen haben dürfte, hat sich nichts erhalten.

9 Hallenbau mit Spitalkapelle, Grabungsaufnahme von Osten. Fundament und aufgehendes Mauerwerk des Hallenbaues mit der erhaltenen Sockellage auf der Südseite des Durchganges zur Spitalkapelle.

10 Spitalkapelle, Ansicht von Südwest. Quadersockel des Wanddienstes am südlichen Choransatz der Spitalkapelle. Der Sockel bindet deutlich in die erhaltenen Lagen des aufgehenden Mauerwerks ein.

11 Zeichnerische Rekonstruktion des erweiterten Hallenbaues mit Spitalkapelle.

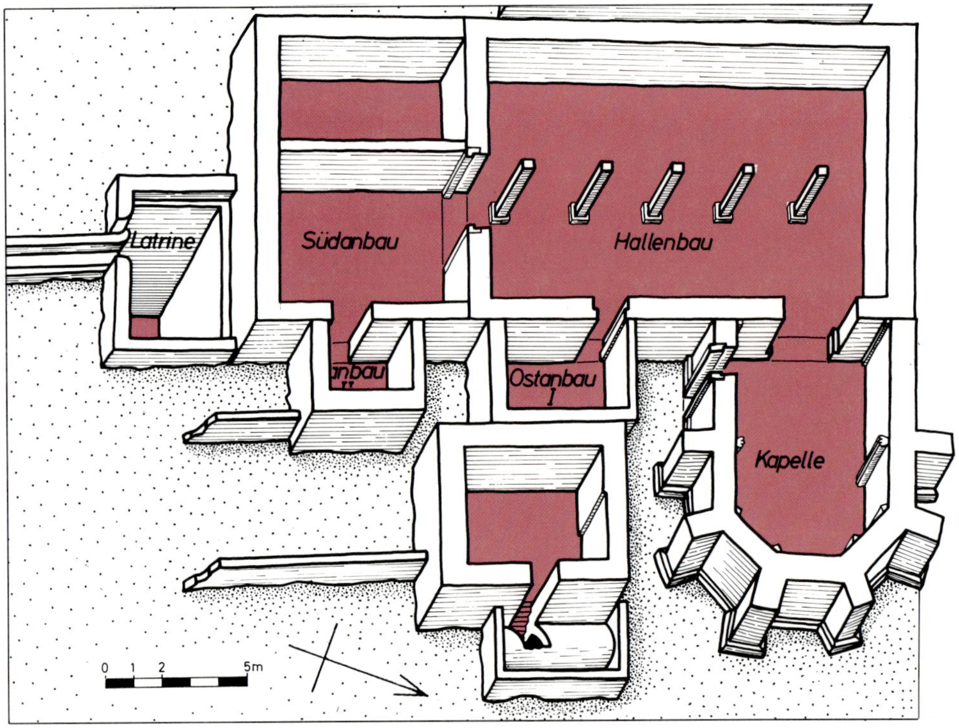

Aus den Abmessungen der Kapelle lassen sich zumindest Näherungswerte für die ehemalige Gebäudehöhe ermitteln. Die Traufhöhe der auch über die Dachverschneidungen eng miteinander verbundenen Bauten ist danach am ehesten etwa zwischen 7 und 8 m anzusetzen.

Hinweise auf das Gewölbesystem und den Aufbau der bis auf Bodenhöhe herabreichenden Wanddienste ergeben sich aus den erhaltenen Sockeln zweier Wanddienste auf der Südseite. Danach waren, durchaus einem konventionellen Schema entsprechend, die Gewölberippen im Chor und im westlich anschließenden Joch im Scheitelpunkt durch einen Schlußstein gefaßt. Die schlichte Formensprache der erhaltenen Bauglieder und die auffallenderweise bereits in der Sockelzone angedeutete Ausbildung der Wanddienste (Abb. 10) verweisen auf eine Entstehungszeit in der zweiten Hälfte des 13. Jahrhunderts.

Im gleichen Zeitraum ist eine erste beachtliche Vergrößerung des Hallenbaues vorgenommen worden. Die Grabung hat – deutlich durch eine Baufuge getrennt – auf seiner Südseite einen 6,5 m tiefen Anbau feststellen können, der unter Beibehaltung der alten Giebelwand und der Baufluchten die Nutzfläche der ursprünglichen Halle um ein Drittel erweiterte. Aufgrund der ungünstigen Erhaltungsbedingungen sind Angaben zur Erschließung und zur Funktion des Südanbaues nicht möglich (Abb. 11).

Auf eine Länge von knapp 8 m zieht parallel zur Ostwand der Halle und über deren Südostecke hinausreichend eine Mauer von gerade 0,5 m Breite. Auch hier kann lediglich aufgrund der Niveauverhältnisse und der sorgfältigen Mauertechnik vermutet werden, daß sie zur älteren Bauperiode des Spitals gehört. Da weiterführende Aufschlüsse fehlen, kann zur Funktion dieses Mauerabschnitts, der wohl zu einem unmittelbar an die Ostseite der vergrößerten Halle anschließenden Bau gehörte, nichts ausgesagt werden.

Spätestens mit Fertigstellung der Hauptbauten des Spitals ist mit der Belegung des Spitalfriedhofes zu rechnen. Er umfaßte den gesamten östlich der Halle und der Spitalkapelle gelegenen Bereich des Spitalquartiers und war vermutlich durch eine im Norden an die Spitalkapelle anschließende Einfassungsmauer von den anschließenden Straßen abgegrenzt. Für den westlich und südlich der Kernbauten gelegenen Bereich fehlen, wegen der eingangs genannten tiefreichenden Störungen durch jüngere Bebauung, verbindliche Hinweise auf zugehörige Bauten. Sicherlich war auch der Westteil des Quartiers bebaut, wie spärliche Befundreste belegen. Ob diese jedoch dem Spitalbezirk zuzurechnen oder als Reste privater Bebauung anzusprechen sind, wird sich beim Fehlen schriftlicher Quellen kaum noch feststellen lassen.

O. T.

Der Spitalfriedhof

Das Bestattungsrecht lag im Mittelalter grundsätzlich bei den Pfarrkirchen. Darüberhinaus verfügten auch Klöster und Hospitäler über eigene Friedhöfe.
Der Gottesacker des Heidelberger Spitals befand sich im östlichen Bereich der Anlage im Anschluß an die Spitalkapelle (Abb. 12). Von dort konnte man durch eine Tür zum Friedhof gelangen (vgl. S. 25). Seine genaue Ausdehnung ließ sich bei den Ausgrabungen, die nur eine Teiluntersuchung darstellen, nicht ermitteln, doch dürfte er einst im Osten bis an den Burgweg und im Süden bis zur heutigen Ingrimstraße gereicht haben (vgl. S. 19). Die Benutzungsdauer des Friedhofs läßt sich recht genau bestimmen. Dem Spital war wohl, wie im Mittelalter üblich, von Beginn an ein eigener Bestattungsplatz angeschlossen. Das bedeutet, daß die ältesten Gräber noch dem ausgehenden 13. Jahrhundert zuzurechnen sind. Für eine Anzahl der Holzsärge ließ sich über die Methode der Dendrochronologie (Baumringdatierung) eine exakte Fällzeit ermitteln. Das älteste so gewonnene Datum liefert die Bestattung Nr. 242. Das Holz für diesen Sarg schlug man im Sommer des Jahres 1272. Die meisten Särge stammen jedoch aus dem 14. Jahrhundert.

Da 1426 oder bald danach der gleichfalls dendrodatierte Pfostenbau im Winkel zwischen Kapelle und Hallenbau errichtet wurde, dürfte der Friedhof im untersuchten Areal spätestens zu diesem Zeitpunkt aufgegeben worden sein. Damit stellt sich jedoch die bislang völlig ungeklärte Frage: wo wurden die Leute aus dem Spital in den folgenden anderthalb Jahrhunderten seines Bestehens begraben?

Das ursprüngliche Aussehen des Friedhofs

Die Friedhöfe des Mittelalters lagen, wie die Kirchen und Institutionen, denen sie angeschlossen waren, meist im Zentrum der Siedlungen. Gerade in den

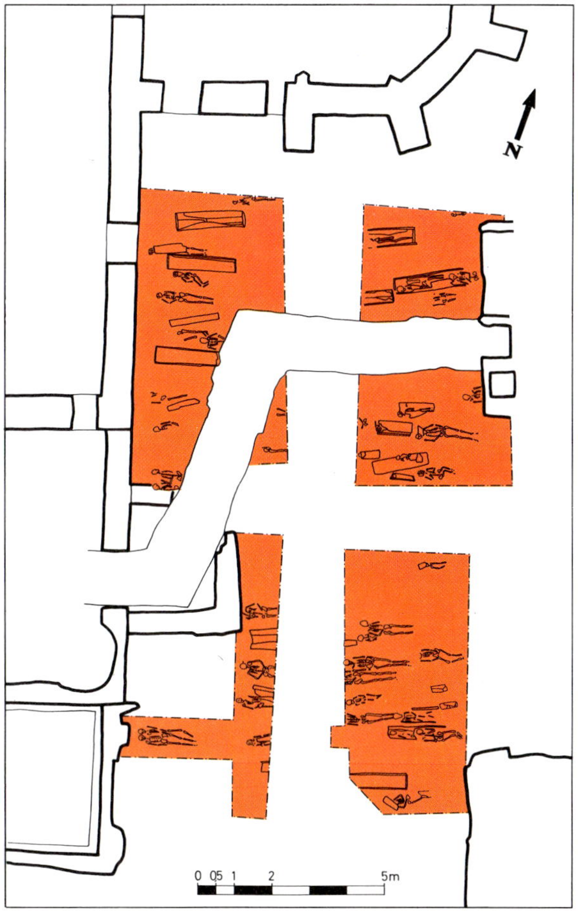

12 Lageplan des Spitalfriedhofes mit den untersuchten Flächen.

13 Kapelle mit Friedhof, umgeben von einer Mauer mit Karner. Bildteppich „Der reiche Prasser und der arme Lazarus", Detail, um 1500; Hist. Mus. Basel.

Städten waren sie eingebunden in das enge Netz der Straßen. Mauern, Gräben oder Hecken sollten die Ruhestätten der Toten vom geschäftigen Treiben der Lebenden abgrenzen, aber auch das Eindringen von Tieren abwehren (Abb. 13). Daß aber Andacht und Abgeschiedenheit gerade der Pfarrfriedhöfe trotz dieser Maßnahme oft nicht gewährleistet waren, legt die Klage Martin Luthers über den Wittenberger Kirchhof im Jahre 1527 nahe: „...daß nicht gemeiner und unstiller ein Ort ist in der ganzen Stadt, denn eben der Kirchhof, da man täglich, ja Tag und Nacht über läuft, beide Menschen und Viehe... und allerlei drauf geschicht, vielleicht auch solche Stück, die nicht zu sagen sind." Die „Umfriedung" des Heidelberger Spitalfriedhofes war wohl ursprünglich identisch mit der Umfassungsmauer des Spitals, von der ein kleiner Teil vermutlich im Fundament des sog. Reihenhauses an der Ingrimstraße erhalten blieb. In der intensiv untersuchten nordwestlichen Friedhofsecke lagen die Toten in Reihen eng neben- und in bis zu sieben Bestattungslagen übereinander (Abb. 14). Die hohe, für mittelalterliche Friedhöfe aber nicht ungewöhnliche Belegungsdichte zeugt von der Auslastung des Totenackers bis an die Grenze seiner Aufnahmefähigkeit. Die jüngsten Bestattungen kamen zum Teil nur knapp einen halben Meter unter der alten Oberfläche zutage. Etwa ein Viertel des Friedhofes wurde archäologisch untersucht; dabei konnten ca. 270 Bestattungen geborgen werden. Unter der Voraussetzung, daß die meisten Gräber im Umfeld der Kapelle lagen, weil man möglichst nahe den Reliquien im Altar begraben werden wollte, ergibt sich für den gesamten Friedhof eine geschätzte Anzahl von 700 bis maximal 900 Grabstellen. Vermutlich führte neben anderen Gründen diese Überbelegung letztlich zur Aufgabe des Begräbnisplatzes. Eine Kalkstreuung über den gesamten Friedhof sollte die Anwohner vor den gefürchteten „schädlichen Ausdünstungen" der Toten schützen. Oberirdische Markierungen durch Hügel, hölzerne Kreuze, Tafeln oder auch Steinmäler dürfen zumindest für einen Teil der Gräber angenommen werden.

14 Heidelberg Kornmarkt, Spitalfriedhof; Bestattungen 161, 162, 163, 164 und 165.

15 *Bestattung. Miniatur, 15. Jahrhundert; Bibliothèque municipale Lyon, Ms. 5140 f.*

Bestattungsformen

Die Verstorbenen des Spitals wurden in Leichentüchern und, weniger häufig, in Särgen bestattet. Sie lagen auf dem Rücken, die Arme über der Brust oder im Schoß gekreuzt, auch seitlich entlang des Körpers ausgestreckt. Der Blick ging gen Osten, das Gesicht der aufgehenden Sonne zugewandt, in Erwartung der Auferstehung und des jüngsten Gerichts.

Leichentuchbestattungen

Das Begräbnis im einfachen Leichentuch (Abb. 15) war mit geringem Aufwand verbunden, kostengünstig und ließ die Verwesung im Boden schnell voranschreiten. Diese Kriterien spielten gerade für die Spitäler, die häufig Arme und Kranke in schneller Folge und größerer Zahl bestatten mußten, eine nicht unbeträchtliche Rolle. Vor allem aber war diese Methode platzsparend. So war es in Nürnberg bis zum Beginn des 17. Jahrhunderts selbst den reichsten Bürgern verboten, sich in Särgen beerdigen zu lassen, weil diese zuviel Raum in den ohnehin überfüllten Friedhöfen beansprucht hätten. War bei einem Kranken der Tod eingetreten, wurde er oft noch im Krankensaal des Spitals in ein Leichentuch eingeschlagen oder eingenäht (Abb. 16). Zusätzlich konnte der Körper mit Binden eng zusammengehalten werden (Abb. 17). Die Bestattung in der Erdgrube erfolgte manchmal schon am gleichen Tag. Selten lag ein Toter länger als zwei Tage unbestattet,

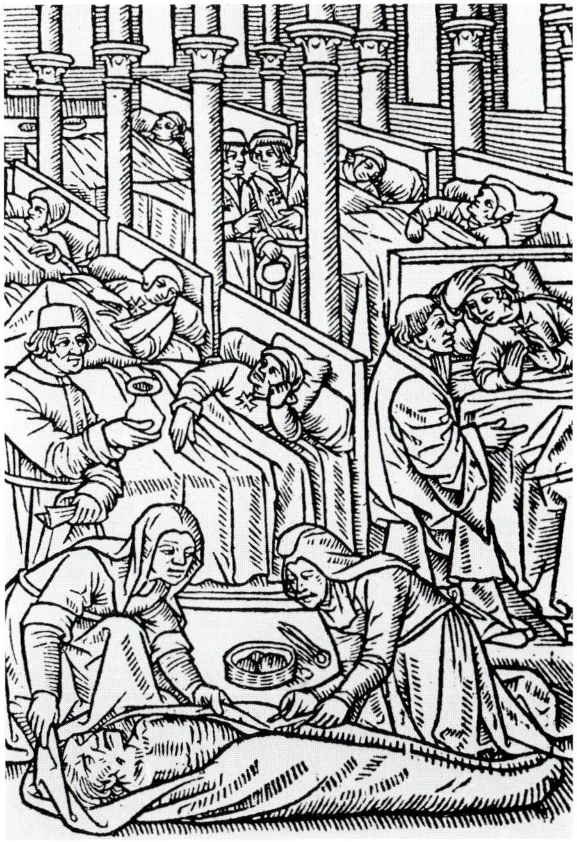

16 *Einnähen eines Verstorbenen in ein Leichentuch. Holzschnitt aus Jehan Petit: Saint-Gelais, le Vergier d'Honneur, um 1500; Smith, Kline and French Collection, Philadephia Museum of Art; nach A. S. Lyons/R. J. Petrucelli, Die Geschichte der Medizin im Spiegel der Kunst (1980), 352 Abb. 538. Reproduktion mit freundlicher Genehmigung des DuMont Buchverlages, Köln.*

17 Bestattung eines Verstorbenen im Leichentuch. Der Körper ist durch Schnüre oder Binden zusätzlich fixiert; Tafelbild, um 1500, Linz, Schloßmuseum.

manchmal aber auch mehr als eine Woche, wenn etwa Beerdigungen nur an bestimmten Wochentagen vorgenommen wurden.

Sargbestattungen

Etwa ein Fünftel der Verstorbenen wurde in Holzsärgen beigesetzt, die sich ungewöhnlich gut erhalten haben (Abb. 18). In den tiefsten Lagen des Heidelberger Friedhofes fanden sich überhaupt keine Särge, während sie auf dem obersten Belegungsniveau zahlenmäßig nur gering hinter den Leichentuchbestattungen zurückstehen. Die Totenkisten sind aus Tannen-, Fichten- und in einigen Fällen aus Eichenholz gefertigt. Die weichen Nadelholzsorten wurden bevorzugt, weil sie im Boden schneller vergehen und der raschen Auflösung des Leichnams weniger entgegenwirken als dauerhaftere Eichensärge. Die gesägten und mit Beilen hergerichteten Bretter (Abb. 19) sind in der Regel mit Flachkopfnägeln aneinandergefügt (Abb. 20). Besonders auffallend ist der aus Sprossen gebildete, leiterartige Sargboden aus Bestattung 56 (Abb. 21). Ähnliche Särge mit Leiterboden sind auch auf Friedhöfen in den Niederlanden und in der Schweiz nachgewiesen. Das Exemplar aus dem Züricher Münsterhof wird allerdings erheblich älter, nämlich in die 2. Hälfte des 10. Jahrhunderts, datiert. Daneben kommen Holzbretter als Abdekkung über Leichentuchbestattungen (Abb. 22) vor, die körperlang sind oder nur Kopf- oder Brustbereich des Toten schützen.

Unter den üblichen Einzelgräbern fällt die Grablege 45 auf (Abb. 23). Hier ruhen zwei Skelette in einem Sarg. Es liegt jedoch keine Doppelbestattung im eigentlichen Sinne vor, bei der die Verstorbenen gleichzeitig ins Grab gebettet wurden. Vielmehr begrub man die oben liegende Leiche in einem schon vorhandenen Grab. Als der Totengräber Grube und Sarg erneut öffnete, unterlief ihm ein kleiner, aber für den Archäologen hilfreicher Fehler. Beim Abheben des Sargdeckels, vielleicht aber auch erst beim Niederlegen der zweiten Leiche, löste sich – durch Hast oder Ungeschicklichkeit – vom unteren Skelett

18 Heidelberg Kornmarkt, Spitalfriedhof; Holzsärge.

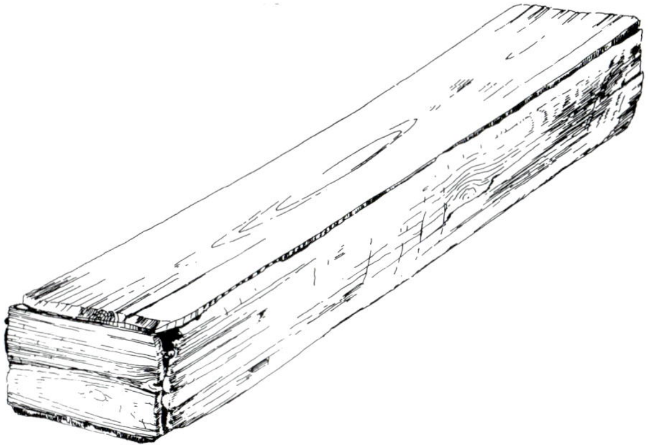

19 Heidelberg Kornmarkt, Spitalfriedhof; Holzsarg aus Bestattung 70.

20 Heidelberg Kornmarkt, Spitalfriedhof; Detail eines Holzsarges mit Flachkopfnagel aus Bestattung 146.

21 Heidelberg Kornmarkt, Spitalfriedhof; Leiterartiger Sargboden aus Bestattung 56.

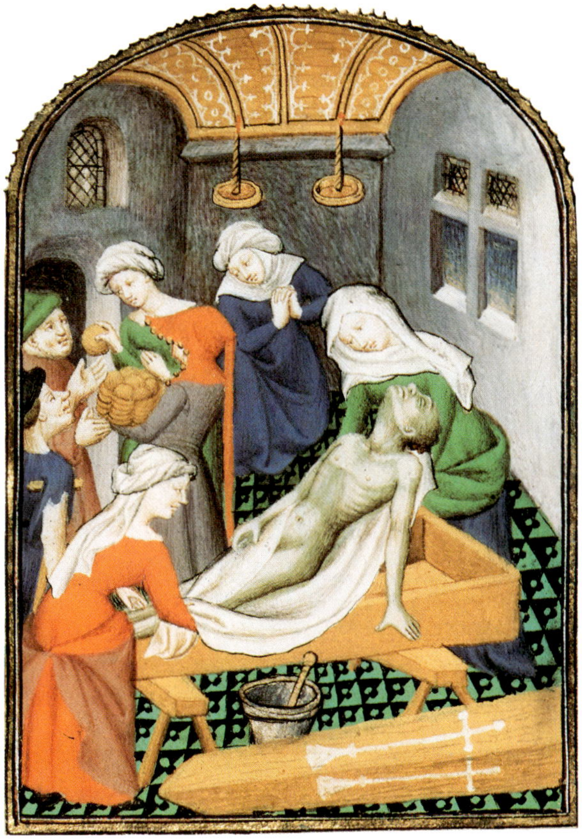

22 Der Leichnam wurde meist unbekleidet, nur von einem Leintuch umhüllt, in den Sarg gelegt; Miniatur aus dem Stundenbuch Heures de Neville, um 1430-1440; Bibliothèque Nationale Paris.

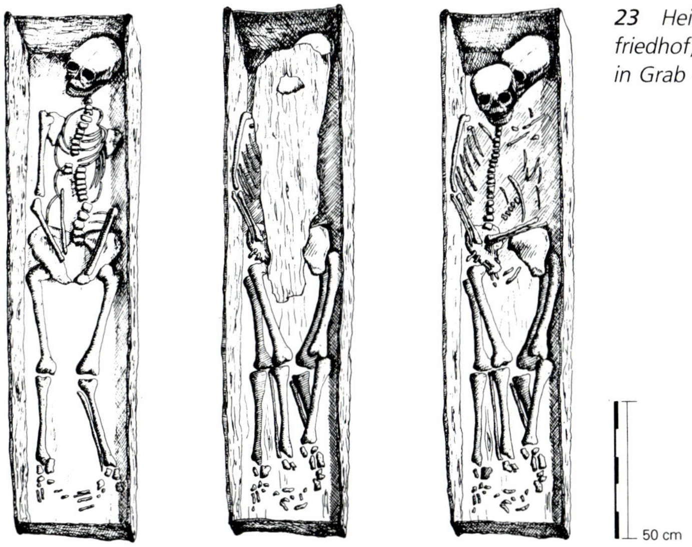

23 Heidelberg Kornmarkt, Spitalfriedhof; Sog. Doppelbestattung in Grab 45.

ein Teil des linken Beines. Dieses war schon soweit verwest, daß sich der Unterschenkel samt Knie vom Oberschenkel trennte. In der Eile wurde er anatomisch falsch zurückgelegt: mit dem Knie nach unten! Diese Indizien sprechen dafür, daß die zweite Beerdigung in einem gewissen, jedoch nicht allzu großen zeitlichen Abstand zur ersten stattfand. Die Tanne, aus deren Holz dieser Sarg besteht, wurde 1363/64 gefällt.
Nachbestattungen später verstorbener Ehegatten in das Grab des vorangegangenen Partners sind bekannt. Bei den beiden Skeletten aus Grab 45 handelt es sich jedoch um zwei zum Zeitpunkt ihres Todes etwa 30jährige Frauen. Die abschließende anthropologische Untersuchung mag klären helfen, welcher Art die wahrscheinlich verwandtschaftliche Beziehung (Geschwister, Zwillinge?) der beiden Frauen war.

Säuglingsgräber
Am ungewöhnlichsten wurden die Neugeborenen bestattet: zwischen zwei Hohlziegeln liegend, gleichsam in eine Wiegenschale, waren die kleinen Körper gebettet, um sie vor dem schweren Erdreich zu schützen (Abb. 24). Die Ziegel lagen nur lose aufeinander, so daß sie einst wohl mit Stoffbinden oder Tüchern umwickelt waren, um beim Einsenken in die Grube nicht auseinanderzurutschen. Ähnliche Säuglingsbestattungen in Dachziegeln sind aus dem Saarland und aus Lothringen bekannt. Dieser sorgsamen Bestattungsweise ist es zu verdanken, daß die zarten Gebeine erhalten blieben, die ungeschützt im Boden schneller vergehen als die Skelette Erwachsener. Daß Neugeborene auf dem Friedhof begraben wurden, war durchaus nicht selbstverständlich. In der mittelalterlichen Vorstellungswelt verharrten totgeborene oder vor der Taufe verstorbene Kinder in der Erbsünde und hatten nach dem Kirchenrecht keinen Anspruch auf ein Grab in geweihter Erde. Dieses Privileg blieb den getauften Christen vorbehalten. Einen Kompromiß stellt die oft geübte „stille Beisetzung" ohne kirchliche Zeremonie in einem abgeschiedenen Teil des Gottesackers bei oder auch vor der Friedhofsmauer dar. Die Säuglinge des Heidelberger Spitalfriedhofs hatten wohl sofort nach ihrer Geburt die Taufe empfangen und durften deshalb hier ihre letzte Ruhestätte finden.

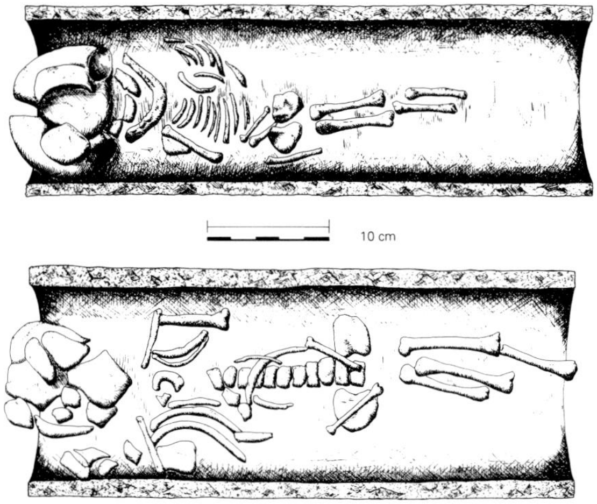

24 Heidelberg Kornmarkt, Spitalfriedhof; Säuglingsbestattungen 22 und 23.

„Von Weybern vnd Geburten der Kinder"

Die zahlreichen Säuglingsgräber des Heidelberger Friedhofes belegen erstmals für ein Spital des 14. Jahrhunderts, daß Frauen aufgenommen wurden, um ihnen in ihren „Kindsnöten" beizustehen. Die Fürsorge mittelalterlicher Hospitäler galt in erster Linie den Armen und Alten, den Fremden und Gebrechlichen, all jenen, deren Not und Bedürfnisse nicht oder nicht mehr vom alles bestimmenden Netz familiärer Bindungen aufgefangen wurde. Mit Ausnahme der Opfer der großen Seuchen (Pest, Lepra), die in Sondersiechenhäusern untergebracht waren, erfuhren Leidende und Kranke Aufnahme in den Spitälern. Die Niederkunft aber fand im Mittelalter zuhause statt, unter der Obhut von Verwandten, kundigen Frauen und Hebammen. Erst im 20. Jahrhundert wird die Krankenhausgeburt zum Regelfall. Wieso also haben die Mütter der Kinder vom Spitalfriedhof hier entbunden? Waren es arme Frauen ohne Obdach, Frauen aus dem Gesinde, Mägde ohne eigenen

Raum und Wohnung, Frauen ohne Ehegatten, ohne Familie- oder waren es Frauen, die einer schweren Geburt entgegensahen, die vor und nach der Niederkunft besonderer Pflege und Zuwendung bedürftig waren?
Obwohl die Auswertung der menschlichen Überreste vom Spitalfriedhof noch nicht abgeschlossen ist, sind bereits erste Ergebnisse greifbar. Mangelerkrankungen und Parasitenbefall sind an dem Skelettmaterial relativ häufig festzustellen. Überraschend für ein Spital zeigen nur wenige Skelette Spuren schwerwiegender Erkrankungen. Die üblichen altersbedingten degenerativen Erscheinungen an Wirbelsäule und Gelenken können dagegen häufig beobachtet werden. In dem für das Mittelalter relativ hohen Durchschnittsalter der Männer (42,6 Jahre) und der Frauen (38,7 Jahre) könnte die Funktion des Spitals als Altersheim zum Ausdruck kommen. Von der weiteren intensiven Beschäftigung mit dem großen Heidelberger Skelettmaterial erhofft man sich, erstmals Aussagen zu Krankheitsverläufen und Behandlungsmethoden an einer eng eingrenzbaren Bevölkerungsgruppe des 13. und 14. Jahrhunderts in Südwestdeutschland zu gewinnen.
(Für Auskünfte und Hinweise danke ich Dr. J. Wahl, LDA Baden-Württemberg, Arbeitsstelle Gaienhofen-Hemmenhofen). Ch. P-G.

Literaturhinweise

D. Buhmann, J. Fuchs, Krankheit und Heilung – Armut und Hilfe. Katalog zur Ausstellung im Franziskaner 1983/84; Hrsg. Stadt Villingen-Schwenningen, Stadtarchiv/Stadtmuseum Villingen.

H. Derwein, Geschichte des christlichen Friedhofs in Deutschland (1931).

A. Hüppi, Kunst und Kult der Grabstätten (1968).

H. Mattausch, Das Beerdigungswesen der freien Reichsstadt Nürnberg (1219- 1806) (1970).

H. Derwein, Vom Heidelberger Begräbniswesen in früheren Zeiten. Kurpfälzisches Jahrbuch 1930, 54 ff.

J. Schneider u. a., Der Münsterhof in Zürich. Schweiz. Beitr. Kulturgesch. u. Archäologie MA 9/10, (1982) 152 ff.

Der archäologische Befund – Die jüngere Bauperiode

Mit dem Beginn des 15. Jahrhunderts einsetzende erhebliche Veränderungen des Heidelberger Spitalbezirks sind trotz der schlechten Befundlage an nahezu allen bekannt gewordenen baulichen Überresten festzustellen (Abb. 25). Auf eine wesentliche Umgestaltung des inneren Gefüges verweist zunächst die Aufgabe des Spitalfriedhofes (vgl. S. 27 ff.), auf dessen Gelände an der Südostseite des Spitalbezirks ein stattlicher Bau entstand, der aufgrund seiner noch faßbaren spezifischen Grundrißgestaltung als Pfründnerhaus identifiziert werden kann (vgl. S. 36 ff.).

Das Haus mit dem Treppengiebel

Westlich des Hallenbaues entstand nach Aussage der Bildquellen ein etwa quadratischer, mit repräsentativen Treppengiebeln ausgestatteter Bau, der vermutlich durch eine Baulücke von dem älteren Hallenbau getrennt war. Obwohl unter den Kellern des Prinz Carl kaum mehr Reste des Gebäudes festzustellen waren, ist seine Datierung in diesen Zeitraum durch Funde aus der zugehörigen, unter den Kellerboden reichenden Latrine gesichert. Nicht mehr zu klären ist, ob es sich um einen vollständigen Neubau oder um die Modernisierung eines älteren Spital- oder Privatgebäudes an dieser Stelle handelt. Festzuhalten ist jedoch, daß er an prominenter Stelle gegenüber der Einmündung der Hauptstraße auf den Marktplatz gelegen, dem spätmittelalterlichen Bauensemble des Spitals zuzurechnen ist und aufgrund der Lage und seiner über den Merianstich gut faßbaren Erscheinungsform als Amts- und Wohnsitz des Spitalmeisters angesprochen werden kann. Der den Bildquellen zufolge dreigeschossige Massivbau dürfte Abmessungen von etwa 11 auf 11 m besessen haben und wies, falls die verzogenen Stirnwände der Latrine Verhältnisse im Aufgehenden widerspiegeln, ebenfalls einen leicht verzogenen, parallelogramm- oder trapezförmigen Grundriß auf. Über seine Binnenaufteilung haben wir keine Befunde; unbekannt ist

25 Spital, jüngere Bauperiode. Veränderungen, Neubauten, sowie ausgewählte Befunde wurden teilweise ergänzt und hervorgehoben.

auch, ob eine direkte Verbindung zu dem östlich anschließenden Hallenbau vorhanden war. Städtebaulich aufschlußreich ist der kleine, westlich des Amtshauses durch das Aussparen eines Grundstücks entstandene Platz, wodurch der anschließende straßenseitige Baukomplex des Spitals vom Marktplatz aus gesehen eindrucksvoll zur Wirkung kam. Ein Umstand, der möglicherweise als Hinweis auf eine Zugehörigkeit der hier gelegenen Bebauungszeile zum Spitalkomplex gewertet werden kann.

Nur wenige Meter östlich des Hallenbaues entstand auf dem ehemaligen Spitalfriedhof ein kleines, zunächst freistehendes Haus, auf dessen Ostseite sich ein vom Hausinneren über eine Treppe zugänglicher, tonnengewölbter Außenkeller befand. Die Maße des kleinen Baues, von dessen Substanz sich nur die Nordostecke nachweisen ließ, können aufgrund der erhaltenen Pfahlgründungen mit etwa 6 auf 4 m angegeben werden. Die dendrochronologisch datierten Pfahlgründungen belegen, daß das Gebäude nach 1425/26 errichtet wurde. Auch hier haben ungünstige Erhaltungsbedingungen keine Hinweise auf die ehemalige Funktion des Gebäudes ergeben. Das Vorhandensein eines Kellers sowie die Lage des Gebäudes in unmittelbarer Nachbarschaft zum Hallenbau – von diesem und der Spitalkapelle gerade 3 m abgesetzt – sprechen für eine Verwendung als Wirtschaftsgebäude, zumal sich keine Latrine nachweisen ließ und damit eine Wohnnutzung wohl auszuschließen ist.

In der Lücke zwischen dem „Wirtschaftsbau" und der Halle wurde zu einem späteren Zeitpunkt vermittels zweier schmaler, wohl als Sockel für Fachwerkwände dienender „Mäuerchen" ein zusätzlicher Raum angelegt. Aus der Position dieses Raumes, der mangels anderer Kriterien als Ostanbau I bezeichnet wird, geht deutlich hervor, daß er abhängig von der Osttür des Hallenbaues angelegt wurde und somit wohl als eine Art Verbindungsraum zwischen Halle und Wirtschaftsbau anzusehen ist. Eine schmale Tür auf der Nordseite des Ostanbaues I führte auf einen kleinen gepflasterten Platz vor der Südtür der Spitalkapelle, auch dies ein Hinweis auf die nachträglich beabsichtigte Verbindungsfunktion. Eine Türverbindung zwischen „Wirtschaftsbau" und Ostanbau I ist nicht nachgewiesen, darf aber wohl von der Disposition her angenommen werden.

Ein weiterer Anbau, der Ostanbau II, liegt auf der Mitte der Ostseite des älteren Südanbaues. Dieser kleine, nur 3 auf 2 m im Lichten messende Raum scheint nur von der Erweiterung der Halle aus zugänglich gewesen zu sein, obwohl die Türposition nicht eindeutig festzulegen war. Auch hier haben sich keine Hinweise auf die ehemalige Funktion des Raumes ergeben. Der Rest eines Ziegelplattenbodens in der Südostecke könnte andeuten, daß er als Naßraum verwendet und in dieser Eigenschaft wirtschaftlichen oder hygienischen Zwecken diente. Obgleich die Deutung des kleinen Bauensembles vage bleiben muß, geht aus den Befunden doch soviel hervor, daß die einzelnen Bauten sicher nicht gleichzeitig entstanden, in ihrer Lage jedoch offensichtlich aufeinander bezogen sind und damit zumindest zeitweise nebeneinander Bestand hatten.

Veränderungen, die in diese Zeit datieren, sind auch an den beiden Kernbauten des Spitals nach Ausweis der Befunde vorgenommen worden. Ein im Durchgang zwischen Hallenbau und Spitalkapelle in Resten erhaltener Steinplattenbelag läßt vermuten, daß wohl durchgehend in beiden ein Massivboden verlegt und die unterschiedlich angewachsenen Bodenniveaus einander angeglichen wurden. Auf der Längsachse des Hallenbaues konnten Reste von vier Stütz-

26 Glaslampe aus der älteren Spitallatrine, Höhe 14,7 cm.

27 Rotopakes Fensterglas aus der jüngeren Spitallatrine; Einfassung mit floralem Dekorband, 15. Jahrhundert.

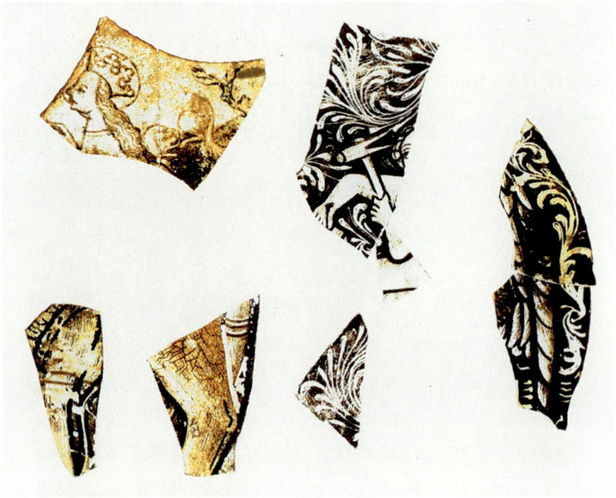

28 *Fragmente figürlich bemalten Fensterglases mit Heiligen und Kreuzigungsszene, 15. Jahrhundert.*

29 *Blaues und dunkelgrünes Fensterglas aus der Latrine des Giebelbaues, 15. Jahrhundert.*

enfundamenten nachgewiesen werden – ein weiteres Fundament ist zu ergänzen -, die auf eine weitergehende Differenzierung des ursprünglich einschiffig angelegten Hallenbaues verweisen. Zwar läßt sich aus den in unregelmäßigen Abständen eingebrachten, nicht auf einer Linie liegenden Stützen die charakteristische, vielfach belegbare Binnenaufteilung einer Saalhälfte in Krankenzellen nicht ableiten, doch können hier sehr wohl leichte, auf Bodenniveau verlegte Fachwerkkonstruktionen angenommen werden, von denen sich nach Entfernen der Bodenplatten keine Spuren erhalten haben. Denkbar ist auch, daß der Ausbau eines Obergeschosses im erwähnten Zellenschema den Einbau der Stützen bedingte. Gleichzeitig und möglicherweise im Zusammenhang damit ist auch der Südanbau durch eine in Längsrichtung eingezogene Binnenmauer in zwei ungleich große Räume unterteilt worden.

Spitalkapelle

In der Spitalkapelle ist durch die Höherlegung des Bodens um ca. 0,5 m das Einbringen einer neuen Sockellage für die Wanddienste – auf den älteren, dabei verdeckten und dadurch erhaltenen – notwendig geworden. Der Vorgang ist durch den Fund einer Münze vom Anfang des 15. Jahrhunderts auf einem der erhalten Werksteine belegt. Ob dies auch Veränderungen des Gewölbesystems nach sich zog, läßt sich nicht nachweisen. Im stark gestörten Ostteil der Kapelle haben sich Reste eines ehemals wohl 1,8 auf 1 m großen gemauerten Altares gefunden, der neben einem zweiten „außerhalb des Chores" und damit offenbar im Nordteil des Hallenbaues aufgestellten Altares in den Schriftquellen erwähnt wird. Für die Zugehörigkeit der Nordhälfte des Hallenbaues zum Sakralbereich sprechen auch zwei hier angelegte und deutlich auf die Kapellenachse bezogene Bestattungen. Mindestens vier weitere parallel nebeneinander angeordnete Bestattungen sind im Westjoch der Kapelle vorgenommen worden. Soweit feststellbar, sind sämtliche innerhalb der Gebäude angelegten Bestattungen dem Befund nach erst spät und wohl nach der Aufgabe des Spitalfriedhofs angelegt worden.

Eine wesentliche Verbesserung der hygienischen Verhältnisse des Spitals entstand in dieser Zeit im Zusammenhang mit den baulichen Veränderungen und Erweiterungen durch die den Wohnbauten zugeordneten Latrinen und das damit verbundene Abwassersystem. Die bauliche Entwicklung des gesamten Bezirks, die sich in den jüngeren, primär Wohnzwecken dienenden Neubauten fassen läßt, ist durch die Auflassung gerade an dem Punkt unterbrochen worden, wo anderwärts bereits neue, die mittellalterliche Konzeption ersetzende Lösungen zur Ausführung kamen. O.T.

Das Reihenhaus an der „Zwerchgasse im Burgweg"

Auf dem Merianstich besetzt die Südostecke des Kornmarktes ein großer, entlang der Ingrimstraße errichteter Fachwerkbau (Abb. 30). Dasselbe Gebäude ist auch noch auf dem 1683 von Ulrich Kraus gestochenen Heidelberg-Panorama zu sehen (Abb. 31), jedoch möglicherweise durch Umbauten nach Verwüstungen des 30jährigen Krieges bereits stark verändert. Seit langem wurde von der Stadtgeschichtsforschung angenommen, es handle sich um einen Rest des Spitals.

Sehr viel mehr war bisher über dieses stattliche, den ehemaligen „Neuen Marckh" beherrschende Gebäude nicht bekannt. Den schriftlichen Quellen sind kaum Hinweise auf Verwendungszweck und Bewohner zu entnehmen. Einzig ein im Heidelberger Stadtarchiv aufbewahrtes Ratsprotokoll aus dem Jahre 1708 gibt darüber Auskunft. Es forderte den Abriß der 15 Jahre nach dem Stadtbrand immer noch aufrecht stehenden Ruine (Abb. 32).

30 Das Reihenhaus auf einem Stich von Matthäus Merian, 1620; Kurpfälzisches Museum Heidelberg.

31 Das Reihenhaus mit deutlich erkennbaren Veränderungen in der Dach- und Fassadengestaltung; Ulrich Kraus, 1683; Kurpfälzisches Museum Heidelberg.

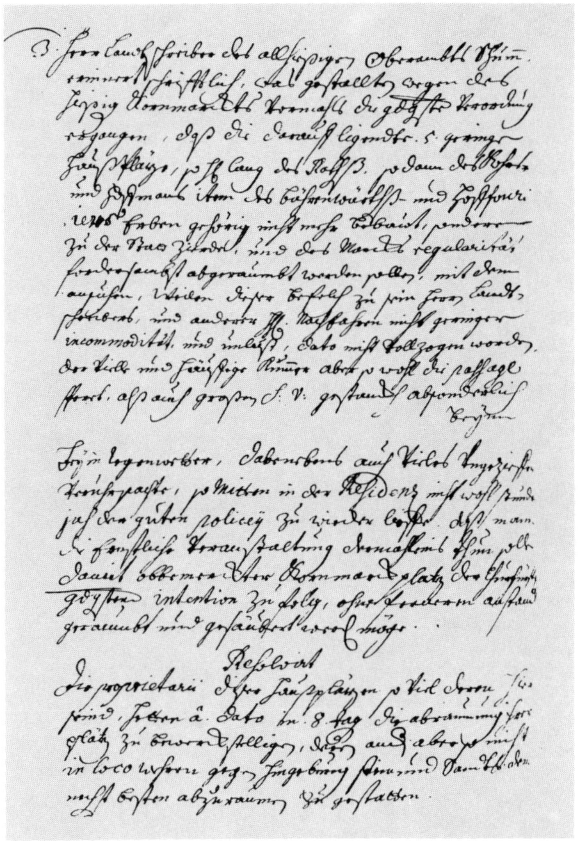

32 Ratserlaß vom 17. Juli 1708 den Abriß der fünf Hauseinheiten der Ruine des Reihenhauses betreffend. Die Besitzer werden aufgefordert, „...zu der Stadt Zierde und des Marckts regularität..." die „...5 geringe Hausplätze..." auf dem Kornmarkt binnen acht Tagen abzureißen; Stadtarchiv Heidelberg.

Das Haus war somit von einer der ganz seltenen, beim Wiederaufbau tatsächlich umgesetzten Korrekturen des Stadtplanes betroffen. Sein Abbruch war Voraussetzung für die großzügige barocke Anlage des Kornmarktes, wie sie heute wieder zu sehen ist. Die Erweiterung und Planierung des Platzes haben eine tiefergehende Überbauung in späterer Zeit verhindert. Es war daher zu vermuten, daß sich umfangreiche, relativ ungestörte Befunde im Boden erhalten haben. Bereits 1976 kamen bei Kanalisierungsarbeiten Teile des Hauses zum Vorschein, konnten aber aus Zeitmangel nicht dokumentiert werden. Die Grabungen des Landesdenkmalamtes 1986 ergaben einen guten Erhaltungszustand der Gebäudereste.

Das Reihenhaus erstreckte sich auf einer Länge von über 22 m bei 8,50 m Breite entlang der Ingrimstraße, der ehemaligen „Zwerchgasse im Burgweg". Die Fundament- und Kellermauern, die bis in drei Meter Tiefe erhalten waren, kamen bereits wenige Zentimeter unter der modernen Platzoberfläche zum Vorschein. Der freigelegte Grundriß entsprach dem Typus eines in einzelne Kompartimente gegliederten Reihenhauses, wie es aus der Spitalarchitektur bekannt ist. Da erstmals für Heidelberg die Möglichkeit bestand, detaillierte archäologische Untersuchungen an kaum veränderter spätmittelalterlicher Bausubstanz vorzunehmen, entwickelte sich hier ein Schwerpunkt der Grabung (Abb. 33).

Die aus dem Bauhorizont geborgenen Funde erlauben eine Datierung des Gebäudes in die erste Hälfte des 15. Jahrhunderts. Seine Entstehung dürfte wohl der um 1427/30 einsetzenden großen Ausbauphase des Spitals zuzurechnen sein (vgl. S. 33 ff.). Eine ältere Bebauung des Areals konnte nicht beobachtet werden. Etwa vorhandene Reste sind jedoch möglicherweise durch die Erweiterung des Spitalfriedhofes im 14. Jahrhundert und die später darin eingetieften Kellerausschachtungen zerstört worden.

Wenige aus den Baugruben der Keller geborgene Scherben datieren in das 13. Jahrhundert. Eine vorhergehende intensive Wohnnutzung des Geländes hätte eigentlich zu einem höheren Fundniederschlag führen müssen. Es darf daher angenommen werden, daß hier vor Ausdehnung des Friedhofes Gärten und Hinterhöfe bestanden haben.

33 Aufnahme des Befundes während der Grabung.

Integriert in die spätere Südwand des Reihenhauses haben sich ältere Mauerteile erhalten (Abb. 34). Reste einer von der Ingrimstraße her anziehenden Pflasterung, die sich durch verschiedene Benutzungshorizonte in die Mitte des 14. Jahrhunderts datieren läßt, verweisen auf ein höheres Alter dieses Mauerabschnittes. Man wird in der Annahme nicht fehlgehen, hier einen Überrest der spätmittelalterlichen Umfriedung des Spitalfriedhofes vor sich zu sehen. Dem Befund ist deutlich zu entnehmen, daß diese Mauer ursprünglich über die westliche Hausecke hinaus weiterführte. Erst im darauffolgenden Jahrhundert wurde das Kellergeschoß des Reihenhauses angefügt.

Anders als heute war es im Mittelalter bei Neubauten durchaus üblich, ältere Mauerbestände aus Gründen der Materialersparnis weiterzuverwenden. Brauchbare Bauteile integrierte man gemessen an der modernen Baupraxis oft bis zur „statischen Waghalsigkeit" in neue Mauerverbände. Ein solches Problem stellte sich auch den Erbauern des Reihenhauses. Teile der vorhandenen Spitalumfriedung sollten für den Neubau weiterverwendet werden. Zunächst mußte der Höhenunterschied zwischen alter Mauerunterkante und neuen Kellerbodenniveaus durch eine Unterfangung ausgeglichen werden (Abb. 34 und 35). Die ältere Mauer wäre sonst durch den Druck des hangseitigen Erdreiches in die Baugrube gestürzt. Vor allem hätte aber die nicht für eine tragende Wand gedachte Fundamentierung kaum ausgereicht, um den schweren Baukörper des Hauses zu tragen. Eine weitere Schwächung des Mauerverbandes entstand durch das Einbrechen der für die Kellerräume notwendigen Zugänge (Abb. 34), sowie der Übernahme des bereits vorhandenen älteren Durchganges (Abb. 36), der nun ebenfalls als Kellerhals weiterverwendet werden sollte. Um die derart geschwächten Mauerteile zu entlasten, wurde das stark fundamentierte Kellergeschoß gleich einem Kasten

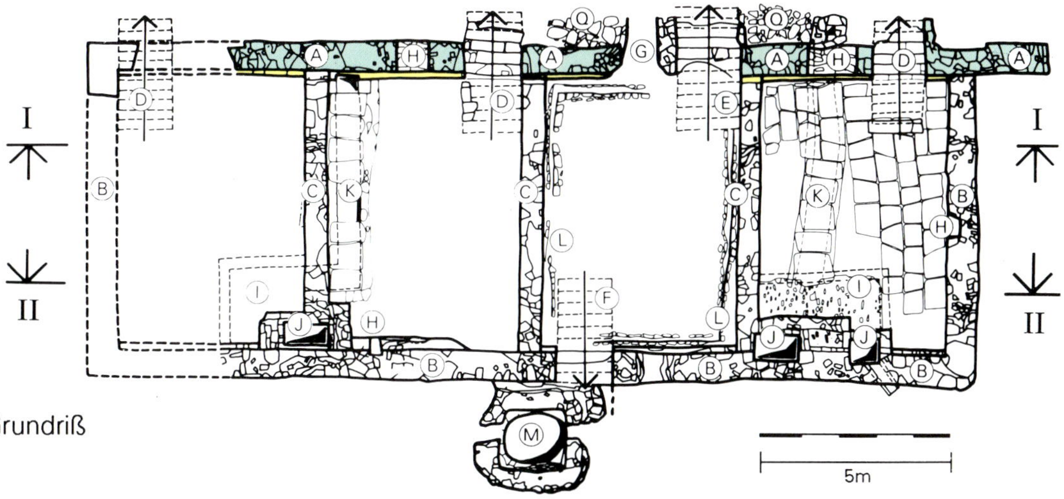

Grundriß

Mauerbefunde

- A Südwand
- ○ Mauerreste 14. Jh.
- ○ unterfangene Mauersubstanz
- B Außenwände
- C Binnenwände
- D Kellerhälse
- E Älterer Durchgang 14. Jh.
- F Kellerhals 17. Jh.
- G Revisionsgang
- H Lichtschächte
- I Latrinen
- J Latrinenschächte
- K Überlaufkanäle
- L Wasserrinne
- M Brunnen
- N Gewölbereste
- O Brand- und Bauschutt 1693/1708
- Q Pflasterung 14. Jh.

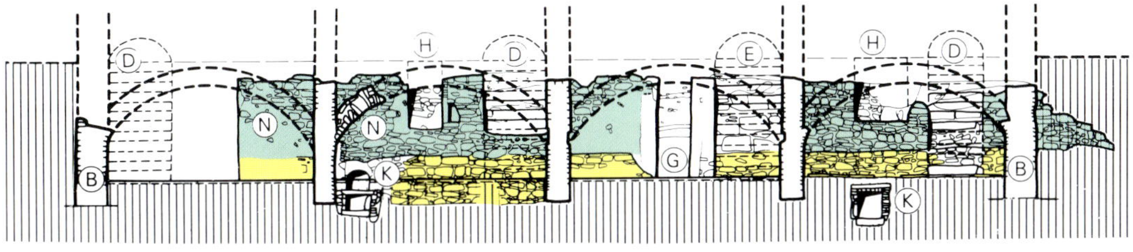

Schnitt I

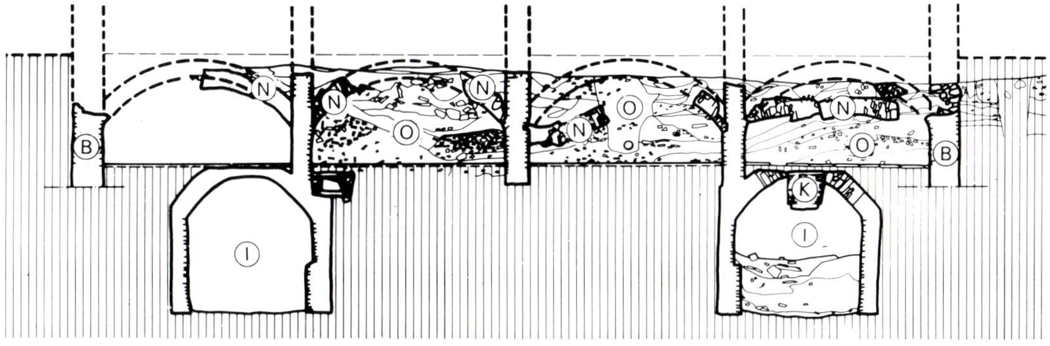

Schnitt II

34 Das Reihenhaus, Schnitt und Aufriß.

35 Südwand des Reihenhauses. Deutlich ist die Mauerfuge zwischen der älteren Mauer und der jüngeren Unterfangung zu erkennen.

36 Ehemaliger Zugang zum Spitalgelände, beim Neubau des Reihenhauses in die Südwand integriert.

gegen die Unterfangung der Südwand gesetzt. In den so entstandenen Raum zog man anschließend in einem Abstand von je 4,70 m drei Zwischenmauern ein, die untereinander und mit den Fundamenten jeweils durch gegen den Hang gerichtete Tonnengewölbe verbunden wurden. So konnte der Druck gegen die Frontwand des Hauses durch vier auf das Stabilste miteinander verbundene Kellerräume aufgefangen werden. Den Baumeistern gelang auf diese Weise eine hervorragende Synthese zwischen geplantem, funktional klar gegliedertem Grundriß und älterer Bausubstanz bei gleichzeitiger Schaffung optimaler statischer Bedingungen. Diese äußerst stabile Substruktion ermöglichte schließlich die Errichtung des schweren Reihenhauses. Planung und Ausführung des Gebäudes spiegeln reiche Erfahrung mit derartigen Bauaufgaben. Es erscheint kaum weiter verwunderlich, daß sich eine so wohldurchdachte Bauplanung auch in weiteren konstruktiven Details niederschlägt.

Ein gutes Beispiel dafür ist die Art und Weise, wie beim Bau des Hauses von vorne herein die Entsorgungsanlagen berücksichtigt wurden. Bereits bei der Planung des Reihenhauses waren zwei große gemauerte Abfallgruben (Abb. 34 und 37) vorgesehen, die, tonnengewölbten Kellerräumen vergleichbar, unter den eigentlichen Kellerboden eingetieft wurden. In die Außenmauern des Hauses integrierte Beschikkungsschächte verbanden sie mit den oberen Stockwerken. Diese damals hochmodernen, aufwendig gebauten und platzsparenden Latrinenkonstruktionen, wie sie später für Heidelberger Bürgerhäuser geradezu charakteristisch wurden, konnten hier erstmals untersucht werden. Sie gehören zu den ältesten bisher bekannten Beispielen dieses Typs in Südwestdeutschland (vgl. S. 58 ff.).

Grundriß und Konstruktion des Gebäudes

Der erhaltene Grundriß des Gebäudes zeigt eine sehr klare Gliederung in vier gleich große, ca. 7,0 x 4,70 m messende Raumeinheiten. Die einzelnen Keller haben keine Verbindung untereinander. Da sich vom aufgehenden Mauerwerk nur spärliche Reste erhalten haben, war die Binnengliederung der Erd- bzw. Obergeschosse nicht mehr nachzuweisen.

Analogien zu noch erhaltenen Bauten, denen vergleichbare Prinzipien zu Grunde liegen, zeigen, daß man die Aufteilung des Kellergeschosses auch für die oberen Stockwerke annehmen darf. Die Zwischenwände des Kellergeschosses dienten demnach gleichzeitig als Fundament für die Binnenwände der Obergeschosse. Es ergibt sich daraus eine Gliederung des Baukörpers in gleichgroße, aneinander gereihte Hauseinheiten. Dieses Ordnungsprinzip bestimmt die Erschließung von der Traufseite her. Jeder einzelne Keller konnte über von der Ingrimstraße her eingeschnittene Kellerhälse erreicht werden. Erstaunlicherweise gab es ursprünglich keine Verbindung zur Hofseite hin. Die Situation der Eingänge zum Erdgeschoß dürfte sich ganz ähnlich dargestellt haben. Über die festgestellten Einschnitte von Kellerhälsen, Lichtschächten und Schütten an der südlichen Frontwand des Hauses lassen sich hier die Zugänge zu den einzelnen Kompartimenten jeweils an Trennwände angelehnt bestimmen.

Auf der Darstellung des Merianstiches (Abb. 30), der einen späteren Zustand des Hauses wiedergibt, zeigt sich die Rückseite des Gebäudes ebenfalls ohne Eingänge. Ob solche früher einmal bestanden haben, läßt sich nicht mehr entscheiden. Es stimmt zumindest nachdenklich, daß das nach 1556 auch zum Neuen Markt hin orientierte Gebäude ausgerechnet hier nicht zugänglich war. Die Abbildung bei Merian und die Befunde legen es jedoch nahe, daß bis zum Umbau nach den Zerstörungen der Stadt während des 30jährigen Krieges das Haus wohl nur von der „Zwerchgasse im Burgweg" betreten werden konnte. Erst die Darstellung von Ulrich Kraus (Abb. 31) zeigt deutlich eine Reihe von Türen, durch die nun auch eine Öffnung zum Kornmarkt hin erfolgte.

37 Latrinenanlage. Gut erkennbar das unter dem Kellerbodenniveau angelegte Latrinengewölbe, die in die Rückwand integrierten Beschickungsschächte und ein mit Sandsteinplatten gedeckter Überlaufkanal.

38 Um die Mitte des 15. Jahrhunderts angelegter Ziehbrunnen an der Nordwand des Reihenhauses, der gleichzeitig als Auffangbehälter für Hangwasser benutzt wurde.

Spätere bauliche Veränderungen

Der Befund gibt nur spärliche Hinweise auf später vorgenommene Veränderungen. Noch in der ersten Hälfte des 15. Jahrhunderts, also wohl nur kurze Zeit nach der Erbauung des Reihenhauses, wurde an der Mitte der Hofseite ein etwas über 6 m bis in das Grundwasser eingetiefter Ziehbrunnen angelegt (Abb. 34 und 38). Der ovale max. 1,60 m weite Schacht war aus Bruchsteinen ohne Mörtelbindung aufgeführt und einschalig gegen das anstehende Erdreich gesetzt. Als oberer Abschluß wurde eine annähernd quadratische Brüstung aufgemauert. Der Bau des Brunnens diente weniger der Wasserversorgung, sondern zunächst wohl als Auffangbehälter für Hangwasser. Noch heute ist das Areal gegen den Hang von zahlreichen Wasseradern durchzogen, so daß die Anwohner des öfteren über feuchte Keller und Wände klagen. Mit derlei Problemen sahen sich vermutlich auch die Bewohner des Reihenhauses konfrontiert. Um Abhilfe zu schaffen, leitete man das Wasser in gedeckten Rinnen durch einen Kellerraum in den Brunnen. Dies war offenbar beim Bau des Brunnens von vornherein beabsichtigt worden. Denn der große, vom Brunnenschacht aus durch die Fundamentmauern in Keller 2 reichende Rinnstein (Abb. 34) war beim Aufmauern der Brunnenschale bereits mit eingebaut worden. Das Wasser wurde nicht einfach auf direktem Wege durch den Raum in den Brunnen geleitet, sondern unter dem Boden entlang der vier Wände geführt. Die aus kleinen Sandsteinen gesetzte Rinne (Abb. 34) war auf Fußbodenhöhe durch dünne Platten gedeckt. Zum einen blieb auf diese Weise das Wasser einigermaßen frei von Verunreinigungen, zum anderen wurde der Kellerraum durch das kalte Hangwasser zusätzlich gekühlt. Derartige Vorrichtungen wurden im Mittelalter zum Beispiel in Lagerräumen von Schlachthäusern verwendet – vielleicht ein Hinweis auf die Nutzung des Raumes als Kühlkeller für die Küche des Spitals.

Zahlreiche Umbauten erfuhren auch die Entsorgungsanlagen des Hauses. Bei anstehenden Leerungen mußten jeweils Teile der Latrinenschächte abgenommen werden, so daß sich hier einige nicht näher datierbare Veränderungen beobachten ließen. Um die Zeit zwischen den notwendigen Leerungen zu verlängern, versah man die Gruben mit Überlaufkanälen (Abb. 34 und 37). Zur Vermeidung von Geruchsbelästigungen waren diese aus Sandsteinblökken trocken gesetzten Kanäle mit schweren Platten abgedeckt und unter den Kellerböden verlegt. Auf diese Weise konnte stets ein Teil des flüssigen Inhaltes austreten, der dann über einen großen öffentlichen Abwasserkanal unter der Ingrimstraße abgeleitet wurde.

Die Abbildungen und Quellen zur Geschichte des Platzes zeigen, daß das Aufgehende des Hauses im Verlauf seines fast 300jährigen Bestehens mehrfach beträchtlich verändert worden sein muß, obgleich sich dies im Befund kaum bemerkbar macht. Die kurze Zeit nach der Spitalauflösung 1556 erfolgte Umwandlung in ein von Handwerkern und Hofbediensteten zu nutzendes Gebäude wird ebenfalls erhebliche Umbauten zur Folge gehabt haben. Ein Vergleich der Darstellung des Reihenhauses bei Merian 1620 mit Kraus 1683 zeigt Veränderungen im Erscheinungsbild des Gebäudes. Es ist anzunehmen, daß das völlig ungeschützt dem Platz einen Großteil der Längsseite zuwendende Haus die schweren Beschießungen der Stadt im 30jährigen Krieg (1622, 1634/35) nicht unbeschadet überdauert hat. Den Zerstörungen fiel auch das noch von Merian dargestellte, an der Nordostecke des Reihenhauses angebaute Gebäude zum Opfer. Zahlreiche Fensteröffnungen durchbrechen die Fassade, zum Kornmarkt hin wurden zusätzliche Eingänge geschaffen. Die 1620 dargestellte Fachwerkkonstruktion ist nicht mehr zu erkennen, wahrscheinlich wurde sie im Geschmack der Zeit verputzt, um dem Haus ein repräsentativeres Ausssehen zu geben. Im Befund zeigt sich diese Phase des „Wiederaufbaus" nach dem 30jährigen Krieg in einigen kleinen Veränderungen der Keller. Der an der Platzseite angebaute Brunnen wurde endgültig aufgegeben und zum Teil mit Bauschutt und Hausrat verfüllt. Bereits zu einem früheren Zeitpunkt war er mit einer Gewölbetonne versehen worden, die teilweise als Fundament für den in Keller 2 neueingebauten Zugang weiterverwendet wurde. In gleichem Zuge wurden die Kellerhälse repariert und neu ausgefugt sowie ein großer Teil der Treppenstufen durch neue ersetzt. Den Plattenboden (Abb. 34) im Keller 1 verlegte man ebenfalls zu dieser Zeit.

Rekonstruktion der Baugestalt

Aussagen zur Konstrunktion des Aufgehenden können für das Reihenhaus nur indirekt erschlossen wer-

39 Das Reihenhaus im 17. Jahrhundert; Rekonstruktionsvorschlag.

den (Abb. 39). Ein Vergleich der Befunde mit noch bestehenden spätmittelalterlichen Bauten liefert zusammen mit Darstellungen aus dem 17. Jahrhundert einige Hinweise.

Matthäus Merian zeichnete die einzelnen Häuser meist aus der Nähe vor, um sie dann später auf das große Heidelberg-Panorama zu übertragen. Untersuchungen an erhaltenen, bzw. dokumentierten Gebäuden, wie zum Beispiel Stadttürmen lassen eine erstaunliche Detailtreue der Abbildung erkennen. Man kann davon ausgehen, daß er das Reihenhaus im wesentlichen korrekt wiedergegeben hat. Die Darstellung zeigt auf einem hohen steinernen Untergeschoß einen zweistöckigen Fachwerkaufbau, bedeckt von einem Krüppelwalmdach mit Zwerchgiebel. Die Fachwerkkonstruktion ist eher schematisch wiedergegeben. Als wesentliches Konstruktionselement scheinen die in weiten Abständen gesetzten Ständer erfaßt zu sein. Eine Umrechnung der Proportionen auf den ergrabenen Grundriß ergab den Bezug jedes zweiten Ständers zur Lage der im Kellergeschoß festgelegten Binnenwände. Auffällig erscheint in diesem Zusammenhang, daß auf der Darstellung nur diese Ständer durch Streben abgestützt wurden. Diese Abstrebungen sind zur Aussteifung des Fachwerks unbedingt erforderlich. Aus der Abbildung ist wohl die tragende Funktion dieser Ständer abzuleiten, die in Verbindung mit den Zwischenwänden der Innenraumaufteilung zu sehen sind.

Eigenartigerweise sind die Stockwerke an der Nordwestecke des Hauses nicht mit Streben versehen. Gerade hier wären sie jedoch hinsichtlich der Statik unerläßlich. Wenn Merian sie nicht einfach übersehen hat, deutet sich für die Giebelwand eine andere Konstruktion an. Möglich erscheint eine massive Ausführung in Stein. Dies ließe sich insbesondere mit den für einen Fachwerkbau sehr stark ausgefallenen Fundamenten in Einklang bringen. Eine solche Mischbauweise ist für eine Anzahl von Häusern des mittelalterlichen Heidelberg in den Schriftquellen belegt.

Funktion, Nutzung und Bewohner

Die Anlage des Grundrisses weist auf die Nutzung als Pfründnerhaus des Spitals. In dieser Funktion trug die Aufteilung in großzügig bemessene Raumeinheiten einer Tendenz zu größerer Individualität und mehr Wohnkomfort Rechnung, die im Spätmittelalter das Pfründnerwesen und damit auch die Gestaltung der Spitalarchitektur beeinflußten.
Die Konzeption des Gebäudes und die Anlage der großen Latrinen zeigen, daß es vornehmlich als Wohnhaus geplant war. Seine Bewohner waren bis 1556 wohl Pfründner, darunter vielleicht auch viele ehemalige Bedienstete des kurfürstlichen Hofstaates. Denkbar erscheint auch eine teilweise Nutzung als Wohngebäude für Spitalangestellte.
Beim derzeitigen Bearbeitungsstand liegen erste Aussagen zu Lebensqualität und Alltag der Bewohner vor. Die Masse des in die Spitalzeit datierenden Fundmaterials besteht aus Koch- und Eßgeschirr. Geheizt wurde mit Kachelöfen, von denen sich zahlreiche zum Teil sehr qualitätvolle Kacheln erhalten haben (vgl. S. 77 ff.).
1556 wurde das Haus mit dem nicht abgerissenen Teil des Spitals von Dr. Veit Poland erworben und kurze Zeit später an bislang unbekannte Bürger der Stadt weiterverkauft. Eine Nutzung als Mehrparteienhaus erscheint sehr wahrscheinlich. Eine Zuweisung von Einwohnern nach den Verzeichnissen von 1588, 1600 und 1607 wird durch die Schatzungsfreiheit des Hauses erschwert. Durch genaue Auswertung der Unterlagen konnte die Zahl der möglichen Bewohner des Hauses mit Eckanbau um das Jahr 1600 auf acht Familien eingegrenzt werden. Darunter waren Hofangestellte, ein Metzger und Handwerker wie Uhrmacher und Schneider, die ihren Beruf vielleicht im Haus selbst ausgeübt haben. Die handwerklichen Tätigkeiten der ehemaligen Bewohner schlugen sich in den Latrinenverfüllungen kaum nieder. Neben größeren Mengen an Schneiderabfall, der jedoch auch von der damals gängigen Hausschneiderei für den Privatbedarf stammen könnte, fanden sich Fragmente eines Tischofens, von Schmelztiegeln und gläsernen Destilliergeräten (Abb. 40 und 41). Beides könnte auf eine Feinschmiedewerkstatt deuten, wie sie gerade für diesen Straßenzug mehrfach belegt ist. Für die weitere Nutzung bis zum Stadtbrand liegen kaum Informationen vor. Im 30jährigen Krieg wird es von Einquartierungen nicht verschont geblieben sein. 1622 befand sich gegenüber des „Goubernators Losament“, also das Hauptquartier des Stadtkommandanten. Seit den 60er Jahren des 17. Jahrhunderts war der Kornmarkt Exerzierplatz des pfälzischen Militärs. Vielleicht wurde das Reihenhaus, über das die Schriftquellen dieser Zeit schweigen, militärisch genutzt.
Rußspuren und Beschädigungen durch Hitzeeinwirkungen am Baubefund zeigen, daß das Haus beim Stadtbrand 1693 in Flammen aufging. Deutlich war dies an den Kellerverfüllungen (Abb. 34) abzulesen,

40 Fragmente einer gläsernen Vorlage und eines Scheidekolbens, Länge 19 cm; aus einer Latrine des Reihenhauses.

41 Destillation von Scheidewasser; Lazarus Ercker, Beschreibung der allervornehmsten mineralischen Erze und Bergwerksarten, 1580; Bayer. Staatsbibl. München.

die in dichten Ascheschichten verbrannte Keramik, durchgeglühte Metallteile und geschmolzenes Glas enthielten. A. W.

Literaturhinweise

K. Bedal, Hausbau im Mittelalter (1985).

G. Binding, U. Mainzer, A. Wiedenau, Kleine Kunstgeschichte des deutschen Fachwerkbaus (1977).

G. Eitzen, Zur Geschichte des Südwestdeutschen Hausbaus im 15. und 16. Jahrhundert (1963).

D. Leistikow, Hospitalbauten in Europa aus zehn Jahrhunderten (1967).

H. Winter, Das Bürgerhaus zwischen Rhein, Main und Nekkar. Das Deutsche Bürgerhaus 3 (1961).

Die Scheidewasserherstellung

Aus Latrinen des Reihenhauses wurden neben zahlreichen Schmelztiegeln, die für verschiedene Probiervorgänge benutzt wurden, mehrere Objekte geborgen, die in Zusammenhang mit einer Feinschmiedewerkstatt stehen könnten. Sie fanden vermutlich bei der Herstellung von Scheidewässern (Säuren) Verwendung, die benötigt wurden, um Legierungen in edlere und unedlere Metalle zu trennen. Auf diese Weise konnte man zum Beispiel den Gold- und Silbergehalt von Münzen überprüfen. Schwefel- und Salpetersäure wurden im wesentlichen aus einem Gemisch von Alaun, Vitriol, Salpeter und Wasser destilliert. Der Aufbau für die Scheidewasserherstellung bestand aus einem Helm, einem Auffanggefäß (Vorlage) und einem Scheidekolben (Abb. 40). Diese wurden auf einen Ofen gesetzt und samt Inhalt erhitzt (Abb. 41): „Reibe 4 Pfund reinen Salpeter und 4 1/2 Pfund kalzinierten Vitriol ganz fein und bring beides in einen beschlagenen Glaskolben... setz diesen in der für diesen Zweck gemachten Kapelle auf den Rost eines Nebenofens... und verklebe die Fugen an allen Orten mit Lehm sehr gut... setz oben einen Helm darauf... Auch mußt du die Nebenöfen, ebenso Krug oder Kolben mit dem Helm so aufstellen, daß die Schnauze des Helms über den Ofen ziemlich hinausragt. Diese Schnauze muß in die Vorlage, die mit ihr verbunden wird, weit hinein reichen, damit du beobachten kannst, wie das Wasser fließt und die Tropfen fallen. Daneben mußt du folgendes wissen: Soviel der Vitriol beim Kalzinieren am Gewicht verliert, soviel mußt du süßes oder fließendes Wasser in die Vorlage gießen, weil sonst zu starkes und zu wenig Scheide wasser anfallen würde..." (Lazarus Ercker, Beschreibung der allervornehmsten mineralischen Erze und Bergwerksarten vom Jahre 1580). A. J. / A. W.

Heidelberg im Vergleich zu anderen südwestdeutschen Spitälern

Für die Anlage von Spitälern gab es keinen verbindlichen Kanon. Größe und Umfang hingen weitgehend vom Vermögen der jeweiligen Stifter oder Betreiber ab. Dennoch kristallisierte sich bis zum Spätmittelalter eine Reihe von Bauten heraus, die bei den meisten Spitälern in mehr oder minder abgewandelter Form auftrat. Wir sollten uns jedoch im Klaren sein, daß eine scharfe Funktionstrennung weder gewollt war, noch heute zuverlässig feststellbar ist.

Auf den folgenden Plänen wurden die Funktionsbauten in gleicher Weise gekennzeichnet, so daß leicht festgestellt werden kann, was am Ort vorhanden und wie es im Vergleich zu Heidelberg angeordnet war.

Im einzelnen sind dies:

- Kapelle oder Kirche
- Krankensaal oder Hauptgebäude
- Pfründhaus
- Spitalpfarrhaus
- Friedhof
- Umfriedung mit Torhaus und Anschluß an die Stadtbefestigung
- Wirtschaftsgebäude zur direkten Versorgung der Insassen [Küche, Backhaus, Schlachthaus, Brauhaus, Schweizerei, Bad, Waschhaus, Brunnen, Wette oder Hülbe (Wasserspeicher meist in Form einer offenen Zisterne) und Garten].
- Wirtschaftsgebäude zum Betrieb der angegliederten Landwirtschaft (Ställe, Remisen, Scheunen, Werkstätten).

Zum Plan Hersbruck, St. Elisabeth

Im späten 14. Jahrhundert gestiftet, lag es außerhalb der Stadt und wurde 1440 in die Befestigung einbezogen. Es erlangte nie besondere bauliche Bedeutung, erfüllte wohl vor allem den Zweck einer Pilgerherberge. Von der Anlage her handelt es sich um den winkelförmigen Typ.

Zum Plan Dinkelsbühl, St. Maria und Hl. Geist

1280 außerhalb der Stadt gegründet, erfuhr es ab 1380 durchgreifende Um- und Neubauten. Der heutige Bestand spiegelt im wesentlichen den Zustand des 15./16. Jahrhunderts wider. Der Krankensaal, eine kreuzgewölbte dreischiffige Halle zu fünf Jochen, schließt im rechten Winkel an die Kirche an. Wiederum im rechten Winkel folgen weitere Spitalbauten, die insgesamt etwa einen quadratischen Hof bilden. Dabei ist zu erwähnen, daß nördlich der Kirche ein Waisenhaus folgt; Wirtschaftsgebäude schließen den Hof ab.

Zum Plan Dillingen, Hl. Geist

1257 von Gf. Hartmann IV. von Dillingen außerhalb der Stadt gegründet, verfügte es von Anfang an über Kapelle und Friedhof. Die Anlage, die sich in ihrer dreieckigen Form dem Gelände anpaßte, wurde bald in die Stadtbefestigung einbezogen. Im Zentrum steht die Kirche mit anstoßendem Spitalgebäude. Die übrigen Hauptbauten bilden einen engeren Hof aus Pfründhaus, Tor, Pfarrhaus und Scheune. Ein äußerer Hof wird von Wirtschaftsgebäuden umschlossen.

Zum Plan Rothenburg o. T., Hl. Geist

Um 1280 südlich außerhalb der Stadt von Lupold von Weiltingen, einem adeligen Stadtbürger gegründet und 1287 in seiner ersten Anlage weitgehend fertiggestellt; bis heute eines der besterhaltenen Spitäler in Südwestdeutschland. Es blieb nahezu die gesamte Palette der Spitalbauten erhalten bzw. ablesbar. Hier wird zudem deutlich, welche Wirtschaftsbauten unmittelbar mit dem Spitalbetrieb verbunden waren.
Den Kern der Anlage bildeten Spitalkirche und parallel dazu angeordnet Krankensaal und Pfründhäuser. Letztere müssen in Rothenburg eine erhebliche Rolle gespielt haben, da es hiervon mehrere gibt, was den Schluß erlaubt, daß nach Bedarf erweitert wurde. Aufschlußreich ist die große Zahl von speziellen Wirtschaftsbauten wie Wasch-, Schlacht-, Brauhaus sowie Schweizerei und verschiedene Scheunen und Stallungen.
Im Süden und Westen war die Umfriedung zugleich Stadtbefestigung und mußte vom Spital unterhalten werden. Die Lage des Spitalfriedhofs, der 1326/27 mit der Einrichtung einer Spitalpfarrei für die angrenzende Vorstadt angelegt wurde, ist unbekannt.

Vergleichen wir Heidelberg mit dieser keineswegs repräsentativen Auswahl, lassen sich unschwer Ge-

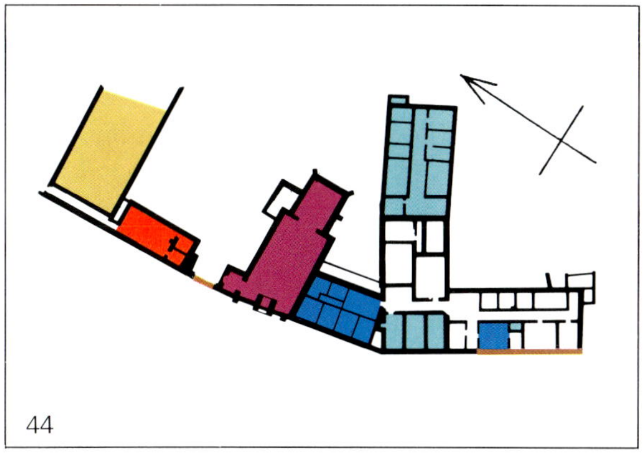

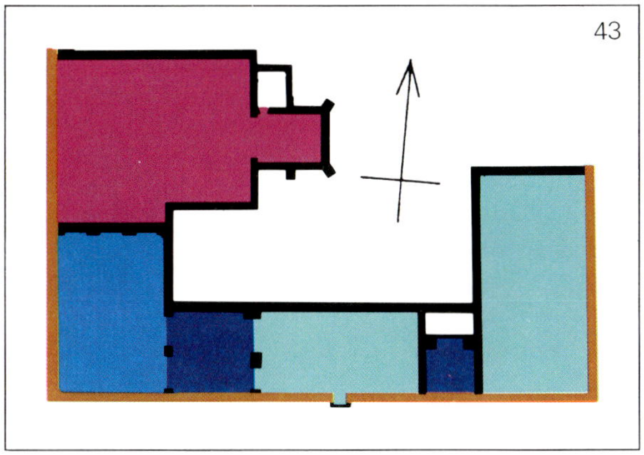

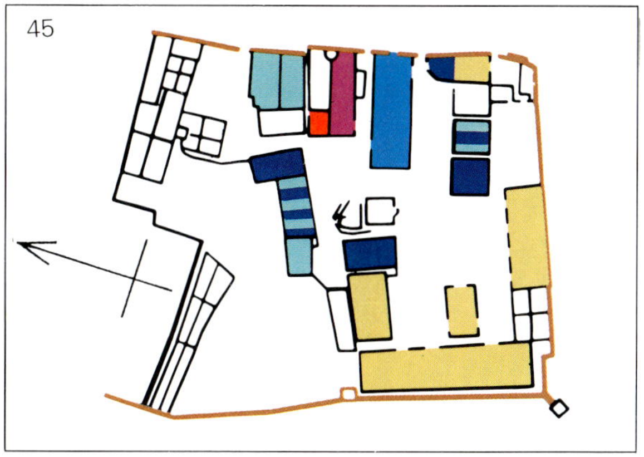

42 Hersbruck, Bayern, Grundriß des Bürgerspitals mit Ansatz der Stadtbefestigung (nach Kunstdenkmälerinventar).

43 Dinkelsbühl, Bayern, Grundriß des Spitals zum Hl. Geist (nach Kunstdenkmälerinventar).

44 Dillingen, Bayern, Grundriß des Spitals zum Hl. Geist (nach Kunstdenkmälerinventar).

45 Rothenburg ob der Tauber, Bayern, Grundriß des Bürgerspitals zum Hl. Geist mit Teil der Stadtbefestigung in einer Planaufnahme von 1812, kurz nach der Säkularisation (nach Kunstdenkmälerinventar).

meinsamkeiten und Unterschiede feststellen. Viele Spitäler wurden am Stadtrand oder vor der Stadt angelegt, während das Heidelberger mitten in der Stadt an prominenter Stelle einen ganzen Baublock besten Baulandes einnahm. Soweit wir dies feststellen konnten, war es wie die meisten anderen mit einer Mauer umgeben und entsprach dem weitverbreiteten winkelförmigen Typ, bei dem Krankensaal und Kapelle im rechten Winkel zueinander standen. Pfründhaus (Reihenhaus) und Wohnung des Spitalmeisters (Giebelbau?) folgten später und vervollständigten das Ensemble. Eindeutige Wirtschaftsbauten ließen sich nicht nachweisen, sie standen möglicherweise außerhalb der Stadt. Für die Größe der Stadt war das Heidelberger Spital durchaus respektabel. In seiner Anlage folgte es andernorts üblichen Typen, wobei die Benutzung eines ganzen Quartiers in der Stadtmitte die Bedeutung, die man ihm beimaß, erkennen läßt.

D. L.

Literaturhinweise

F. Mader (Bearb.), Die Kunstdenkmäler von Bayern, Bezirk Mittelfranken, Stadt Dinkelsbühl (1931), 161 ff.

W. Meyer, A. Schädler (Bearb.), Die Kunstdenkmäler von Bayern, Bezirk Schwaben, Stadt Dillingen an der Donau (1964), 288 ff.

A. Ress (Bearb.), Die Kunstdenkmäler von Bayern, Bezirk Mittelfranken, Stadt Rothenburg o. d. T., Kirchliche Bauten (1959), 391 ff.

W. Schwemmer (Bearb.), Die Kunstdenkmäler von Bayern, Bezirk Mittelfranken, Landkreis Hersbruck (1959), 140 ff.

Der Kornmarkt

Die Auflösung des Heidelberger Bürgerspitals und die Entstehung des Neuen Marktes

Die Reformation in der ersten Hälfte des 16. Jahrhunderts bildet den politischen Hintergrund für die Säkularisierung des alten Heidelberger Bürgerspitals im Jahr 1551 und seine Auflösung 1556.
Schon Kurfürst Friedrich II. (1544–1556), selbst ein Anhänger der Reformation, konnte viele Stifte und Klöster in der Pfalz mit Genehmigung Papst Julius III. einziehen, darunter auch das Bürgerspital, an dem die Kirche beteiligt war. Es wurde 1551 säkularisiert und zunächst der Universität in Heidelberg, die unter großem Mangel an Wohnungen für ihr Lehrpersonal litt, inkorporiert. Die Änderung der Besitzverhältnisse hatte für die Insassen des Spitals zunächst keine Auswirkungen.
Die Glaubensspaltung bewirkte eine deutliche Dezimierung des Kirchenguts in der Pfalz und erzeugte ein Umdenken im Sozialwesen. In Heidelberg hatte dies die Neuorganisation der gesamten Wohlfahrtspflege mit großem Engagement des Kurfürsten zur Folge, dem unter anderem die Einrichtung neuer Krankenhäuser notwendig und wünschenswert schien. Für geeignet befand er das seit 1551 leerstehende Dominikanerkloster in der Vorstadt, „so darzu füglich ist, lustig unndt mit Wohnungen gezieret". Der Umbau verschlang offenbar Unsummen, deswegen veranlaßte Friedrich die Stadt, sich an der Einrichtung und Ausstattung dieses neuen Spitals zu beteiligen und die Kranken vom alten in das neue Hospital bringen zu lassen, „weil denen Bürgern und Kranckhen darinen übel gelegen".
Auf diese Weise änderten sich die Zuständigkeiten. Während „der alt spital allhie zu Heydelberg" hauptsächlich eine städtische Einrichtung unter Beteiligung des Kurfürsten gewesen war, handelte es sich bei dem neuen Krankenhaus um eine unter kurfürstlicher Aufsicht stehende Anstalt. Der Bestand der Bausubstanz des aufgehobenen Spitals war zunächst umstritten. Nachdem seine Bewohner 1556 in das neue Krankenhaus verbracht worden waren, scheint sich ein Jahr lang nichts getan zu haben. Kurfürst Friedrich II. war noch im Jahr 1556 verstorben und sein Nachfolger Ottheinrich wurde erst im Frühjahr 1557 mit der Frage befaßt, als ihn ein Gesuch des Stadtrats erreichte: Man bat darin, die Hälfte der unbrauchbaren Gebäude abreißen und auf dem freigewordenen Gelände einen Milch- und Krautmarkt einrichten zu dürfen. Die Anfrage brachte die Dinge in Bewegung. Bevor der Kurfürst eine Entscheidung treffen konnte, erhielt er ein zweites Schreiben, in welchem sich der Rektor der Universität zu Wort meldete. Die Universität, der noch ein Drittel der Immobilie gehörte, hatte inzwischen zwar kein großes Interesse mehr an den sanierungsbedürftigen Altbauten, fürchtete aber um die ohnehin durch die Dritteilung des Besitzes geschmälerten Rechte. In seinem Schreiben bat der Rektor den Kurfürsten nachdrücklich zu bedenken, daß: „... unsers erachtins, der halbig platz viel gemelten (erwähnten) Spitals... nit allein von unnoten, sondern auch gemeiner Statt ein augenscheinliche unform umbliegender Gassen und häusser halben geperen würdt". Ansonsten sei gegen einen neuen Marktplatz nichts einzuwenden, aber die Besitzverhältnisse müssten zuvor geklärt werden: „E. Churfn. gn. wollen zufordrist etlich der Sachen verstendige personis ordnen, die solchen Spital in drei thail verthailen." Zudem legte der Rektor dar, daß das Spital einst aus gutem Grunde der Universität übereignet worden war: „...Underthenigster hoffnung E Chufn gn werde gemeine Universitet (. die großen Mangel an heußern das viel der professorn mit behausung nit versehen werden können.

46 Gesamtplan der Kornmarktgrabung. Die Veränderung des Areals nach der Spitalauflösung.

47 So wie er auf dem Stich erscheint, dürfte der Kornmarkt im wesentlichen schon im späten 16. Jahrhundert, nach dem Verkauf der noch erhaltenen Bauten, ausgesehen haben. Deutlich zu erkennen sind der zur Hauptstraße hin orientierte Giebelbau und das Reihenhaus, welches die Südwand des Neuen Marktes bildet. Ausschnitt aus dem Kupferstich von Matthäus Merian, 1620; Kurpfälzisches Museum Heidelberg.

derohalben dan die Incorporation dies Spitals... beschehen.) gnedigst bedenken...".
Kurfürst Ottheinrich zeigte sich wohl einsichtig, denn binnen eines Jahres konnte die Schätzung und Verteilung des Besitzes vorgenommen werden. Der Wert der Immobilie wurde auf 3000 Gulden angesetzt und der Beschluß gefaßt, das Grundstück mit den darauf stehenden Bauten zu verkaufen. Der in diesen Jahren unter erheblichem Geldmangel leidenden Universität war mit dem ihr zustehenden Drittel des erzielten Verkaufspreises sicherlich eher geholfen als mit einigen alten Gebäuden in der Stadt, die nur unter erheblichem Aufwand hätten bewohnbar gemacht werden können.
Bevor das alte Spital verkauft wurde, erhielt die Stadt noch den von ihr gewünschten Milch- und Krautmarkt; „den wir Pfalzgraf Ottheinrich... vor unser und denselben Spitals drittheil gemeiner Statt Heidelberg, mit wissen und willen der universitet und der Sapientz verordnet und gegeben haben". Am 10. Dezember 1558 wurde ein Kaufvertrag mit Veit Poland, „der rechten doctorn" über „denselben alten Spitals geheuß und begrief, soviel dessen noch aufrecht steht und vorhannden, auch nicht zu dem Neuen Markht... gehort" (Abb. 46 und 47) abgeschlossen. Der Kaufpreis für das verbleibende Grundstück und die darauf stehenden Bauten betrug nunmehr 2000 Gulden. In dem Vertrag war festgelegt, daß Veit Poland jederzeit das Recht habe, seinen erkauften Besitz ganz oder in Teilen zu veräußern.

H. S-S.

Literaturhinweise

W. Schmitt, Die Organisation der Armenpflege in Heidelberg bis 1870. Diss. Heidelberg (1959).

B. von der Decken-Sachs, Der Kornmarkt in Heidelberg (1983).

...uff recht und redlich Verkauft und zu kaufen gegeben...

Nach der Auflösung des Spitals und dem Abriß eines Teils der alten Spitalbauten war auf seinem ehemaligen Gelände ein Milch- und Krautmarkt angelegt worden. Eier, Milch, Butter und Feldfrüchte durften hier feilgeboten werden. Genannt wurde er zunächst „Neuer Markt", um ihn vom „alten Markt" an der Heiliggeistkirche zu unterscheiden. Die Benennung „Kornmarkt" bürgerte sich erst im späten 17. und 18. Jahrhundert ein.
Veit Poland (Abb. 48), der die noch stehenden Spitalbauten am Neuen Markt 1558 gekauft hatte, erwies sich als Mann mit Sinn fürs Geschäft. In den Jahren nach 1558 teilte er die erkaufte Liegenschaft, die aus mehreren Häusern und den dazugehörigen Grundstücken bestand, in Parzellen auf und veräußerte diese an Privatleute. Inwieweit er im Sinne des Kurfürsten und mit dessen Billigung handelte, entzieht sich unserer Kenntnis. Jedoch gibt es Indizien dafür, daß Poland als Käufer und Verkäufer im Auftrag des Kurfürsten auftrat: Zumindest eines der Grundstücke kaufte Ottheinrich schon kurze Zeit später von Poland zurück, um es dem Schneider Jacob Hofman zu übereignen. Der Kurfürst verstarb, bevor dies geschehen konnte. Das Grundstück ging an seinen Nachfol-

ger Friedrich III. über; der wiederum verkaufte es seinem Leib- und Hofschneider Andreas Karg.

Wahrscheinlich hatte Veit Poland von Anfang an im Sinn, alle Grundstücke, die nicht zu dem von ihm selbst bewohnten Anwesen gehörten, zu veräußern. Jedoch sind von weiteren Verkäufen keine Nachrichten erhalten. Erst für die Zeit nach 1574 liegen in ausreichendem Maße Belege vor, so daß eine Rekonstruktion der Besitzverhältnisse am Kornmarkt möglich ist. Da allen Angaben des Bewohnerplans zufällig überlieferte Quellen zugrunde liegen, konnte daraus nur ein ungefähres Situationsbild entstehen, das keine Vollständigkeit beanspruchen will (Abb. 49).

Die Quellen:

1. Verschiedene Kaufbriefe von 1558–1574 mit entsprechenden Ortsangaben.
2. Eine Häuserliste von 1579, anläßlich der Hochzeit der Tochter des Kurfürsten verfasst, um die in solchen Fällen zur Unterbringung von Pferden verpflichteten Hausbesitzer zu veranlassen, ihre Ställe in Ordnung zu bringen. Es werden nur wenige Namen und Straßen genannt.
3. Einwohnerverzeichnis von 1588, vermutlich für eine Schatzung erstellt. Darin werden die Einwohner innerhalb ihrer jeweiligen rechtlichen Zugehörigkeit (Hof, Universität, Stadt) nach Straßen erwähnt, sodaß es schwierig ist, aus der angegebenen Reihenfolge genaue topographische Angaben zu erschließen.
4. Einwohnerverzeichnis von 1600, eine Art statistische Erfassung der Bürger zu bestimmten Zwecken (u. a. Anzahl der Hausbewohner, Schulbesuch, Löhne). Die Bewohner werden hier nur nach Straßen aufgezählt, ohne nähere Lokalisierung.
5. Die ausführlichste Quelle ist das sogenannte Stegenzinsbuch von 1607. Dieser Berain (Güterliste, Urbar) verzeichnet die Häuser und ihre Eigentümer samt deren Anrainern und Vorbesitzern, aufgeschlüsselt nach Straßen. Da einige Häuser nicht aufgeführt werden, sie aber sicher standen und auch bewohnt wurden, waren sie vermutlich befreit („Reihenhaus", Venninger Hof, Karg, Buchner).

Für 1607 läßt sich die Lage der Häuser insgesamt ziemlich genau bestimmen. Davon ausgehend war es möglich, einige früher ungenau bezeichnete Häuser präziser zu lokalisieren. Erhebliche Schwierigkeiten bereiteten die wechselnden Straßennamen. So bewohnte zum Beispiel der angesehene Apotheker und Ratsherr Fettich immer dasselbe Haus, hat aber verschiedene Adressen: 1588 Auf dem Neuen Markt, 1600 Im Mittel Kaltenthal, 1607 Sporer- oder Kleinkendelgaß.

Auf dem Kornmarkt blieben einige Häuser über einen längeren Zeitraum im Besitz der gleichen Familie (Fettich, Regensberger), andere wiederum wechselten in relativ kurzen Abständen den Besitzer (Alt, Schaierlin). Die für uns erstaunliche Mobilität läßt sich auch für andere Stadtbereiche beobachten und dürfte Ausdruck der besonderen Lebensbedingungen einer Hofgesellschaft sein.

Die unmittelbare Nähe des Hofes und die starke Abhängigkeit von ihm ist deutlich ablesbar. So wohnten hier hohe Hofbeamte (Protonotar, Rechenmeister, Hofgerichtssekretär), eine Reihe von Handwerkern, die für den Hof arbeiteten, Hofsporer, -schneider, -balbierer, und Trommeter.

Auffallend viele metallverarbeitende Berufe lassen sich feststellen: Sporer, Messerschmiede, Feilhauer, Schwertfeger, Schlosser, Kantengießer und besonders auch Goldschmiede. Daneben konzentrierten sich auf engsten Raum zahlreiche Schneider und Schuster. Händler und Kaufleute fehlten am Kornmarkt, bis auf einen Krämer, der allerdings recht wohlhabend war, da er ein Haus in exponierter Lage besaß und dem Rat der Stadt angehörte.

Uffm Neuen Marckh

Für einige der Bauten, die im Grabungsbefund erscheinen, lassen sich die Besitzverhältnisse anhand der gegebenen Quellenlage recht genau verfolgen (Abb. 50). Polands Familie lebte bis 1574 in dem „forder Haus mit einem steinen Giebel", dem repräsentativsten Gebäude am Neuen Markt, zu dem

48 Bildnis des Veit Poland (um 1500–1572); Kurpfälzisches Museum Heidelberg.

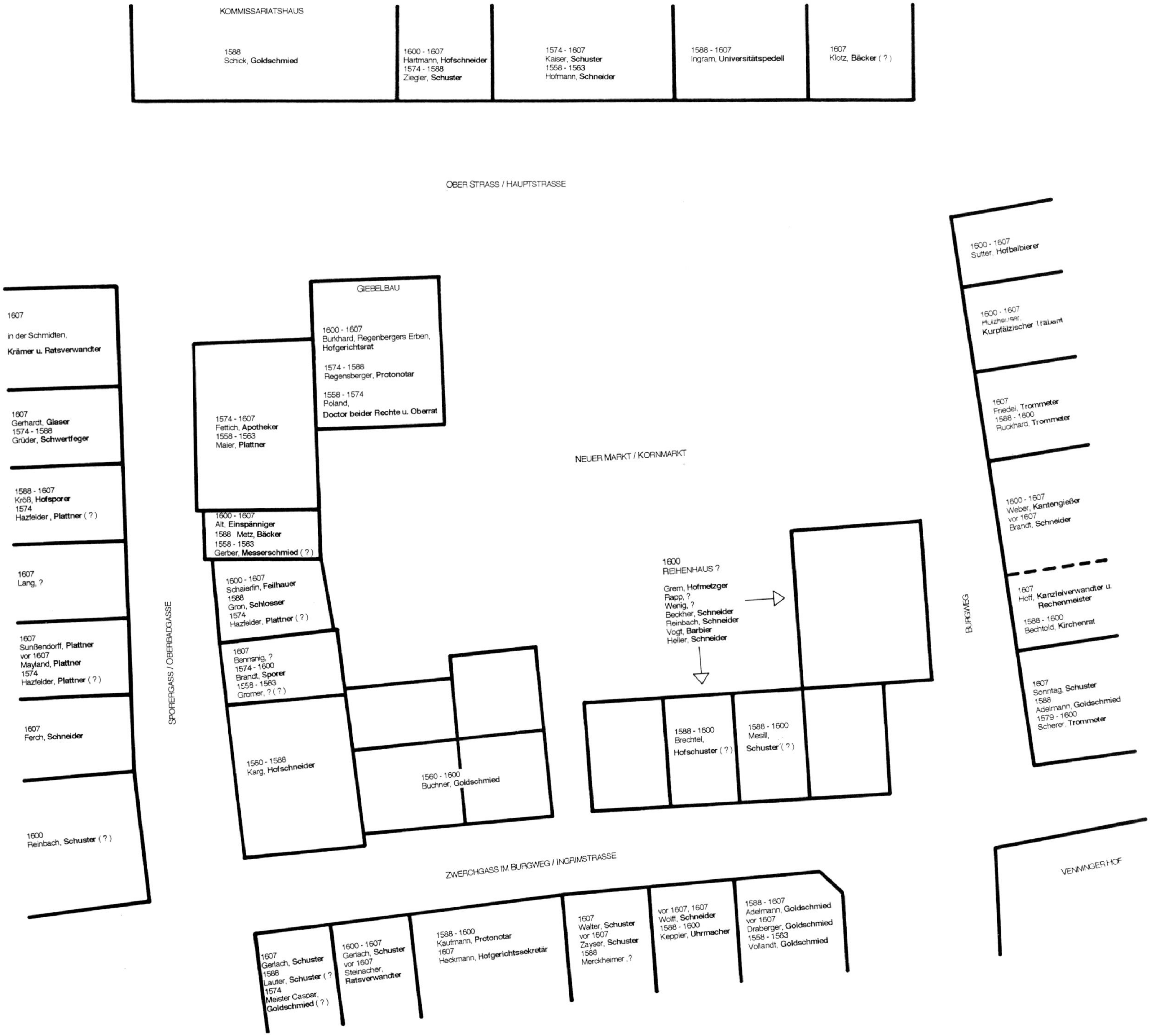
KOMMISSARIATSHAUS
1588
Schick, Goldschmied
1600 - 1607
Hartmann, Hofschneider
1574 - 1588
Ziegler, Schuster
1574 - 1607
Kaiser, Schuster
1558 - 1563
Hofmann, Schneider
1588 - 1607
Ingram, Universitätspedell
1607
Klotz, Bäcker (?)
OBER STRASS / HAUPTSTRASSE
1600 - 1607
Sutter, Hofbalbierer
1600 - 1607
Kurpfälzischer Trabant
1607
in der Schmidten,
Krämer u. Ratsverwandter
GIEBELBAU
1600 - 1607
Burkhard, Regenbergers Erben,
Hofgerichtsrat
1574 - 1588
Regensberger, Protonotar
1558 - 1574
Poland,
Doctor beider Rechte u. Oberrat
1607
Gerhardt, Glaser
1574 - 1588
Grüder, Schwertfeger
1574 - 1607
Fettich, Apotheker
1558 - 1563
Maier, Plattner
1607
Friedel, Trommeter
1588 - 1600
Ruckhard, Trommeter
NEUER MARKT / KORNMARKT
1588 - 1607
Kröß, Hofsporer
1574
Hazfelder, Plattner (?)
1600 - 1607
Alt, Einspänniger
1588 Metz, Bäcker
1558 - 1563
Gerber, Messerschmied (?)
1600 - 1607
Weber, Kantengießer
vor 1607
Brandt, Schneider
1600
REIHENHAUS ?
Grem, Hofmetzger
Rapp, ?
Wenig, ?
Beckher, Schneider
Reinbach, Schneider
Vogt, Barbier
Heller, Schneider
1607
Lang, ?
1600 - 1607
Schaierlin, Feilhauer
1588
Gron, Schlosser
1574
Hazfelder, Plattner (?)
1607
Hoff, Kanzleiverwandter u.
Rechenmeister
1588 - 1600
Bechtold, Kirchenrat
BURGWEG
SPORERGASS / OBERBADGASSE
1607
Sunßendorff, Plattner
vor 1607
Mayland, Plattner
1574
Hazfelder, Plattner (?)
1607
Bennsnig, ?
1574 - 1600
Brandt, Sporer
1558 - 1563
Gromer, ? (?)
1607
Sonntag, Schuster
1588
Adelmann, Goldschmied
1579 - 1600
Scherer, Trommeter
1607
Ferch, Schneider
1588 - 1600
Brechtel,
Hofschuster (?)
1588 - 1600
Mesill,
Schuster (?)
1560 - 1588
Karg, Hofschneider
1560 - 1600
Buchner, Goldschmied
1600
Reinbach, Schuster (?)
ZWERCHGASS IM BURGWEG / INGRIMSTRASSE
VENNINGER HOF
1607
Gerlach, Schuster
1588
Lauter, Schuster (?
1574
Meister Caspar,
Goldschmied (?)
1600 - 1607
Gerlach, Schuster
vor 1607
Steinacher,
Ratsverwandter
1588 - 1600
Kaufmann, Protonotar
1607
Heckmann, Hofgerichtssekretär
1607
Walter, Schuster
vor 1607
Zayser, Schuster
1588
Merckheimer ,?
vor 1607, 1607
Wolff, Schneider
1588 - 1600
Keppler, Uhrmacher
1588 - 1607
Adelmann, Goldschmied
vor 1607
Draberger, Goldschmied
1558 - 1563
Vollandt, Goldschmied

obendrein noch ein großes Grundstück mit „hintergebeu" gehörte. Veit Poland verstarb 1572. Seine Witwe verkaufte das Giebelhaus mit zugehörigem Anwesen 1574 dem kurpfälzischen Protonotarius Wendel Regensberger (vgl. S. 53 f.). Haus und Grundstück am Kornmarkt blieben bis 1658 im Besitz von Regensbergers Nachfahren, der Familie Burckhardt.

In den Häusern an der Ingrimstraße wohnten bis zum Ende des 16. Jahrhunderts der schon erwähnte Hofschneider Andreas Karch und ein Goldschmied, Georg Buchner.

Die Bewohner des Reihenhauses lassen sich nicht sicher benennen. Es ist zu vermuten, daß die Spitalbauten auch nach ihrer Privatisierung schatzungsfrei blieben. So könnte sich erklären, daß die einzige Quelle, die über seine Bewohner und deren Professionen hätte Aufschluß geben können, für uns unbrauchbar ist, nämlich das Stegenzinsbuch von 1607. Vergleicht man dieses Grundsteuerbuch mit den Einträgen in den Verzeichnissen von 1588 und 1600, die lediglich der Erfassung von Heidelbergs Einwohnern dienten, erhält man für die Bewohner der damaligen „Zwerchgasse im Burgweg" eine Reihe von Namen, die im Stegenzinsbuch nicht auftauchen. Unter jenen sind vermutlich die Bewohner des Reihenhauses versteckt. Das Reihenhaus ist das einzige Gebäude aus dieser Nutzungsphase, das archäologisch untersucht werden konnte.

An das Reihenhaus schloß sich im rechten Winkel ein Bau an, der wahrscheinlich erst nach der Spitalsauflösung entstanden ist. Auf dem Stich von Merian von 1620 ist er deutlich zu sehen. Die erhaltenen Quellen geben über seine Entstehungszeit und seine Bewohner keine sichere Auskunft.

Die Frage, ob die Häuser an der Oberbadgasse, die im 16. Jahrhundert Sporergaß genannt wurde, zu den einstigen Spitalbauten gehörten, konnte nicht eindeutig geklärt werden. Der alte Name dieser engen Gasse weist darauf hin, daß hier Metallhandwerker ansässig waren. Tatsächlich lebten in den schmalen Häusern Sporer, Plattner und Feilhauer, also Sporen-, Harnisch- und Feilenmacher. Auch das von der Straße leicht zurückgesetzte Eckhaus bewohnte 1558 der Plattner Hans Meier, bevor es in dem Besitz des angesehenen Apothekers und späteren Bürgermeisters Ezechias Fettich gelangte (vgl. S. 130 ff.).

Ch. B. / H. S-S.

◁ *49 Versuch eines Bewohnerplans für den Kornmarkt Ende 16. bis Anfang 17. Jahrhundert. Der Plan wurde auf der Grundlage des Hist. Atlasses Baden-Württ., Karte IV, 6 entwickelt. Soweit bekannt, werden Namen und Berufe der Bewohner genannt.*

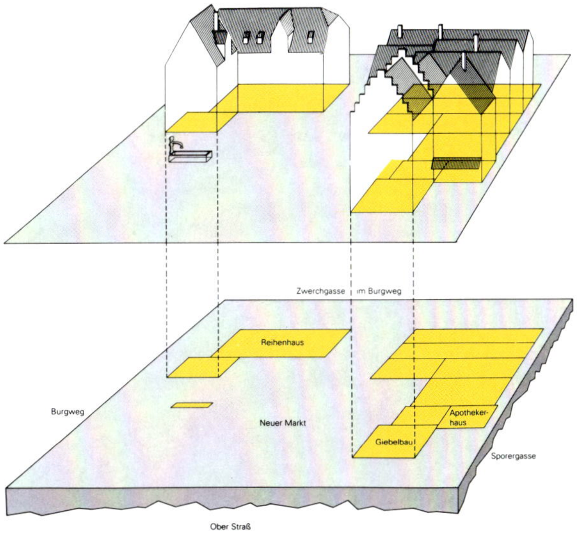

50 Grundrißprojektion der Häuser und Grundstücke am Kornmarkt um 1620, unter Verwendung des Stiches von Matthäus Merian, 1620.

Literaturhinweise

G. Pietzsch, Heidelberger Häuser-und Bewohnerliste von 1579. Pfälzer Heimat 14, 1, 1963, 12 ff.

A. Mays, Einwohnerverzeichnis der Stadt Heidelberg vom Jahr 1588. Neues Archiv der Stadt Heidelberg 1, 1890.

A. Mays, Einwohnerverzeichnis des vierten Quartiers der Stadt Heidelberg vom Jahr 1600. Neues Archiv der Stadt Heidelberg 2, 1893.

Wendel Regensberger

Wendel Regensberger wurde am 26. März 1530 in Mompach, Diözese Trier geboren. Über seine Herkunft ist nichts bekannt. Mit 20 Jahren war er in der juristischen Fakultät der Universität Heidelberg immatrikuliert. Unter Friedrich II. (1544–1556) schlug er die höhere Beamtenlaufbahn ein und begann seinen Aufstieg in der kurfürstlichen Kanzlei zum Protonotarius, dem Leiter der Kanzlei. Zu der Zeit war er bereits mit Barbara Harrer, einer Nichte Melanchtons (1497–1560) verheiratet. Die familiäre Einbindung in die Beamtenschaft war eine wichtige Hilfe für seine Stellung in den folgenden Jahren konfessioneller Auseinandersetzungen.

1561 wird er als Mitglied der Rechenkammer, der obersten Finanzbehörde der Kurpfalz genannt. Er genoß großes Ansehen, wurde aber nicht in den Oberrat der Kurpfalz aufgenommen. Seine Ernennung zum Protonotar überrascht ebenso wie die Berufung seines Schwiegersohnes Gerhard Pastoir zum Vizekanzler, zeigt jedoch, daß sich die Heidelberger Beamtenschaft gegen den Einfluß der Calvinisten erfolgreich zu behaupten verstand. Die meisten höheren Beamten hatten, wie Regensberger selbst, die Regierungszeiten mehrerer Kurfürsten überdauert. Die von ihm geschaffene enge Verbindung zwischen Rechenkammer und Oberrat lag wohl an seinen guten Beziehungen zu Mitgliedern der verschiedensten Verwaltungsbehörden. Große Bedeutung kommt seinem Schwiegersohn Pastoir zu, der nach langen Jahren als Vizekanzler unter Kurfürst Johann Casimir (1583–1592) 1584 schließlich Kanzler der Kurpfalz wurde.

Im selben Jahr trafen Regensberger schwere Schicksalsschläge. Kurz nacheinander starben seine zweite Frau Margarethe Burkhard und die mit Gerhard Pastoir verheiratete Tochter Margarethe. Am 1. 1. 1587 trat Regensberger mit dem ehrenvollen Titel „Rat und Diener von Haus aus" in den Ruhestand. Im Einwohnerverzeichnis von 1588 wird er als „alter Protonotarius" zusammen mit seiner dritten Frau, Margarethe Sigel in dem „Haus mit dem steinern Giebel" am „Newen Markh" genannt, das er 1574 von Veit Poland gekauft hatte. Er starb am 15. März 1593 und wurde in der Peterskirche beigesetzt. 1595 starb Friedrich Burckhardt, der Ehemann der zweiten Tochter Catharina. Sie und ihr Sohn Philipp Christoph übernahmen das Haus am Neuen Markt, das bis 1658 im Besitz ihrer Familie blieb. A. W.

Nach dem großen Brand

Der Wiederaufbau

Die Stadt Heidelberg war 1693 weitgehend zerstört worden. Erst drei Jahre nach dem Brand begannen wieder Menschen nach Heidelberg zu strömen, sowohl alteingesessene Bürger der Stadt, als auch Neusiedler aus Frankreich, Italien, der Schweiz und aus den umliegenden Dörfern und Städten. Kurfürst Johann Wilhelm von der Pfalz rief zum Wiederaufbau der ehemaligen Residenzstadt auf und versprach den Ankommenden große Freiheiten und Vorrechte. Zudem verhießen großartige Baupläne des Landesherren Arbeit für viele und ließen auf ein schnelles Wachstum und die Wiederbelebung der Wirtschaft hoffen.

Der Wiederaufbau am Kornmarkt

In den Jahren des Aufbaus verkauften viele der ehemaligen Bewohner oder deren Erben ihre Grundstücke am Kornmarkt. Die Neubebauung jedoch setzte nur schleppend ein. Am Kornmarkt blieb vieles beim alten: noch immer war das Apothekengrundstück im Besitz der Familie Parmann, das große

51 Der Kornmarkt 1763; Federzeichnung von Peter Friedrich von Walpergen; Kurpfälzisches Museum Heidelberg.

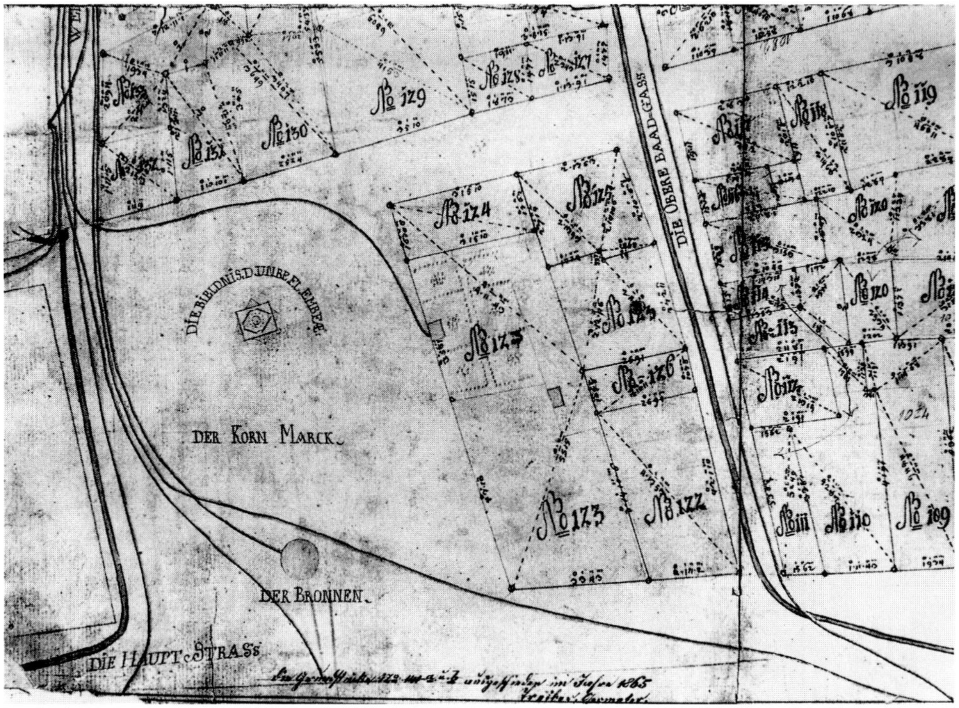

53 Grundstücksaufteilung am Kornmarkt im 18. Jahrhundert; Lagerbuchplan von 1770.

Grundstück an der Hauptstraße / Ecke Kornmarkt gehörte wieder einem Beamten, dem „Bürgermeister von der Gemeind allhier". Die kleineren Anwesen an der Oberbadgasse und der Ingrimstraße wurden größtenteils von Handwerksleuten bewohnt: Schneider, Leinweber, Gürtler, Buchbinder und andere waren hier ansässig.

Weitaus tiefgreifendere Veränderungen brachte das späte 18. Jahrhundert mit sich (Abb. 51). Etwa gleichzeitig setzten zwei Tendenzen ein: wohlhabendere Anwohner im späteren Prinz Carl-Geviert kauften benachbarte Liegenschaften auf und vergrößerten ihre Grundstücke. In diese Zeit fiel die Gründung mehrerer Gasthöfe, unter anderem des „Prinz Carl" (Abb. 53).

Prinz Carl: Ein Gasthof wird gegründet

Im Jahre 1788 wurde dem Besitzer eines Hauses an der Ostseite des Kornmarkts, Peter Koch, die „Schild-Gerechtigkeit zum Prinz Carl von Zweibrücken verliehen", mit der Weisung, daß der Wirt „auch die bei ihnen einkehrende Gäste wohl beherbergen, und mit guter Speiss und Trank... versehen möge". Peter Koch tauschte später sein Anwesen gegen das gegenüberliegende Eckgrundstück ein, da ihm dieses für einen Gasthof geeigneter erschien. Seine Witwe bekam im Winter 1794 die Erlaubnis, die Schildgerechtigkeit auf das neue Haus zu übertragen. Den Namen erhielt die Wirtschaft nach dem Erben des Kurfürsten Karl Theodor, Prinz Karl von Zweibrücken (1775–1795).

Nachdem 1823 (Abb. 54) der Hotelier Sebastian Frank das Haus übernommen hatte, ging es rasch aufwärts. Frank nahm manche bauliche und organisatorische Verbesserung vor, und sorgte dafür, daß der „Prinz Carl" internationale Bedeutung erlangte. In den Jahren 1825 und 1837 vergrößerte er den

52 Farbloser Becher, spätes 18. Jahrhundert.

Gasthof durch Zukauf zweier benachbarter Liegenschaften. Bis 1869 blieb der „Prinz Carl" im Besitz der Familie und wurde dann vom Schwiegersohn Sebastian Franks, Ch. H. Sommer und dessen Teilhaber A. Ellmer weitergeführt.

Blütezeit und Niedergang

Zu einer Zeit, da viele Gasthöfe im Stadtzentrum schließen mußten, weil modernere Hotels in der Gegend des neuen Bahnhofs in der Vorstadt entstanden waren, erlebte der „Prinz Carl" seine Blütezeit. 1873 schluckte das große Hotel das letzte Grundstück auf der Westseite des Kornmarkts mit der Wirtschaft „Zum Englischen Hof" und nahm somit das gesamte Areal zwischen Hauptstraße, Ingrimstraße, Oberbadgasse und Kornmarkt ein. Sommer und Ellmer hatten ehrgeizige Pläne: Der ganze Gebäudekomplex sollte einheitlich überbaut und modernisiert werden, um der immer schärfer werdenden Konkurrenz durch die neuen Hotels standhalten zu können.

54 Der Kornmarkt 1816; Zeichnung von H. Lauter; Kurpfälzisches Museum Heidelberg.

55 Das Hotel „Prinz Carl" um 1880.

Der Architekt Herrmann Behagel (1839–1921), hauptberuflich für die evangelische Kirchenbauinspektion Heidelberg tätig, wurde mit der Bauplanung beauftragt. Behagel war verantwortlich für die Neugestaltung und Vereinheitlichung der Hotelfassaden, die Neuüberbauung des Grundstückes an der Ingrimstraße mit dem turmartigen Baublock, in dessen Erdgeschoß er einen mit prachtvollen historisierenden Stuckarbeiten dekorierten Fest- und Bankettsaal einrichtete, und für das großzügige Haupttreppenhaus in zurückhaltend klassizistischen Formen.

Dieser Umbau leitete die große Zeit des „Prinz Carl" ein (Abb. 55). Für das Publikum befanden sich im Erdgeschoß eine „Altdeutsche Weinstube", mehrere Salons, Speiseräume, sowie der schöne Festsaal, der wegen der großen Spiegel an seiner Nordwand auch Spiegelsaal genannt wurde (Abb. 56). In den oberen Stockwerken gab es sowohl einfache Fremdenzimmer als auch Appartements für die zahlungskräftigeren Reisenden. Die blieben nicht aus. Eine beachtliche Anzahl illustrer Gäste hat sich im Laufe der Jahrzehnte in die Fremdenbücher des „Prinz Carl" eingetragen; auch die Heidelberger Bürgerschaft schätzte seine vorzügliche Küche und den gutbestückten Weinkeller.

Der Abstieg begann in den Anfangsjahren des 20. Jahrhunderts. Hauptursache war die verkehrstechnisch ungünstig gewordene Lage. Daneben spielten andere Gründe, wie häufiger Besitzerwechsel, zu hohe Preise, mangelnder Komfort und der Lärm der Innenstadt eine Rolle. Der „Prinz Carl" machte als letzter der großen Heidelberger Gasthöfe des 19. Jahrhunderts Bankrott. Das Wegbleiben ausländischer Gäste, bedingt durch den Ausbruch des Ersten Weltkriegs beschleunigte sein Ende. Das Hotel hielt sich noch bis 1915 und wurde dann nach Schließung des Betriebs Reservelazarett für von der Front zurückkehrende Soldaten. Seit 1917 gehört das Gebäude der Stadt Heidelberg. Lange Zeit wurden seine Räume als Büros für die Stadtverwaltung genutzt. 1978 kam das Aus für den alten „Prinz Carl". Die Stadt Heidelberg erwirkte nach langem Ringen eine Abbruchgenehmigung. Die Denkmalpflege machte allerdings zur Auflage, daß der aufwendig dekorierte Spiegelsaal erhalten, restauriert und in einen Neubau integriert werden müsse. Nach Abriß des „Prinz Carl" stand der Spiegelsaal zehn Jahre lang als Bautorso, zum Schutz vor Witterung mit schwarzen Kunststoffplanen verhängt, in der Südwestecke des Kornmarkts.

Im Juni 1990 konnte der Neubau (Abb. 57), der den Platz des Hotels heute einnimmt, eingeweiht werden. Er umschließt den einzigen Baukörper der alten, gewachsenen Kornmarktbebauung, der bis heute erhalten blieb: den Spiegelsaal. H. S-S.

56 Der Spiegelsaal um 1880.

57 Der Kornmarkt 1991 mit dem „Neuen Prinz Carl".

Literaturhinweise

R. Salzer, Zur Geschichte Heidelbergs von dem Jahre 1689 –1693 (1879).

K. Lohmeyer, Heidelberger Bürgerlisten. Die Bürgeraufnahmen aus der Zeit des Wiederaufbaues und der Neubesiedelung des zerstörten Heidelbergs 1712–1732. Neues Archiv der Stadt Heidelberg 15, 1 u. 2, 1930.

E. Engel, Prinz Carl, ein hundertjähriger Gasthof 1788–1888 (1888).

H. Büchler, Das Heidelberger Hotelwesen. Phil. Diss., Heidelberg (1922).

B. von der Decken-Sachs, Der Kornmarkt in Heidelberg (1983).

Latrinen und Kanäle

Entwässerung und Abfallbeseitigung

Die verheerenden ökologischen Belastungen der Moderne waren in vorindustrieller Zeit noch unbekannt, doch gab es bereits regelrechte Umweltkrisen, hervorgerufen durch unbedachten Raubbau und Überbeanspruchungen der natürlichen Ressourcen, wie dies zum Beispiel am starken Rückgang des Waldbestandes im Spätmittelalter deutlich wird. Ein Blick auf alte Stiche und Darstellungen Heidelbergs und seiner Umgebung zeigt, daß auch hier die heute wieder bewaldeten Hügelkuppen des Heiligenberges und Königsstuhles weithin abgeholzt waren.

Insbesondere in den dicht besiedelten Stadtkernen entstanden beträchtliche Probleme durch die unzureichende Abfall- und Abwasserentsorgung, die das Alltagsleben der Bürger auf Schritt und Tritt begleiteten. Die Quellen der Verunreinigungen waren vielfältig. In einer Zeit ohne großflächig geregelte Abwassersysteme belasteten Gewerbebetriebe wie zum Beispiel Schlachthäuser, Färbereien und Gerbereien, vor allem aber die anfallenden Fäkalien der Haushalte die Ökologie der Stadt.

58 Straßenszene mit Schweinen und Gänsen; Friedrich Pacher, Aufforderung zur Flucht, Tafel eines Marienaltars, Detail; Tiroler Landesmuseum Ferdinandeum Innsbruck.

Hinzu kam meist eine beträchtliche Anzahl von Vieh, das in Ställen innerhalb des ummauerten Stadtgebietes gehalten wurde. Gleichzeitig dienten die Straßen als Auslauf für Schweine und Federvieh (Abb. 58). Die Tiere verursachten zusätzlichen Mist, Gestank und einen katastrophalen Zustand der bis ins 15. Jahrhundert häufig ungepflasterten Straßen. Die Bürger der damaligen Städte standen diesen Unbilden längst nicht so unsensibel gegenüber, wie es das gängige Bild vom schmutzstarrenden Menschen des Mittelalters glauben machen will. Stadtrechte, Verordnungen und Ratserlasse zeigen eindrücklich, daß man diese Mißstände als Beeinträchtigung der Lebensqualität empfand. So untersagte zum Beispiel 1338 der Züricher Rat, daß „Unsauberkeit" nicht auf die Gasse geschüttet werden dürfe, „das si suber beliben soll, unserem herren und dem untertanen zu ehren". Die Straßburger Stadtväter versuchten 1381 die Fäkalienentsorgung in geregelte Bahnen zu lenken und untersagten, „Urin auf die Straßen zu schütten" (Abb. 59). In München soll 1315 der Marktplatz sauber gehalten werden, damit er „desto lustsamer, desto schöner, und gemachsamer werde". Man hielt es auch für erforderlich, „durch der gest und der stat eren wegen" die Straßen zu reinigen. Die Frankfurter „Sauberkeitsordnung" von 1481 zeigt, daß man sich sogar bewußt war, daß Unsauberkeit und schlechte Luft Ursache „von mancherlei ungesond und verachtonge" sei.

Durch die weitverbreiteten Fürstenspiegel des 13. und 14. Jahrhunderts fand neben anderem auch „umweltschützerisches" Gedankengut Eingang in die lesekundigen Oberschichten der Städte. Die Autoren dieser Bücher wie Aegidius Romanus (1277), Konrad von Megenberg (1350) oder Philipp von Leiden (1355) stützten ihre Kenntnisse auf die aus der Antike überlieferte Miasma-Theorie. Bakteriologische Zusammenhänge als Verursacher und Überträger von Krankheiten waren bis ins 19. Jahrhundert völlig unbekannt. Für Krankheiten und Seuchen machte man den „Pesthauch", also schlecht und übel riechende Luft verantwortlich. Wie die hygienischen Verhältnisse im mittelalterlichen Heidelberg aussahen und wie man sie zu verbessern gedachte, läßt sich anhand der Schriftquellen nur schwer erschließen.

Im Heidelberg des 13.-15. Jahrhunderts reichte der Platz der Hinterhof- und Gartenbereiche noch aus, um Fäkalien, Abfälle und Hausmüll in einfachen Erdgruben zu beseitigen. Vieles wurde jedoch sicherlich auch hier auf die Gassen geworfen, wo es vom Vieh

59 „Unsauberkeit" sollte nicht auf die Straßen geschüttet werden; Sebastian Brant, Das Narrenschiff, Holzschnitt, 1494 (Nach A. Schramm, Bildschmuck der Frühdrucke, Bd. 22, Abb. 1172).

vertilgt werden konnte. Abwassser schüttete man ebenfalls direkt auf die Straße oder leitete es wahrscheinlich durch zwischen den Häusern gelegene Rinnen in offene kleine Straßenkanäle, die sich wohl in den Neckar entwässerten. Derartige einfache Kanalisationssysteme, die man sich ähnlich den noch heute in Freiburg erhaltenen vorstellen darf, waren in den staufischen Stadtgründungen Südwestdeutschlands bereits in der Planungsphase berücksichtigt worden. In Heidelberg selbst ist der Nachweis für ein solches Kanalnetz noch nicht gelungen, doch darf dessen Existenz angenommen werden.

Hingegen ließen sich die Abfallgruben des 13. Und 14. Jahrhunderts bei den Grabungen im Altstadtbereich verschiedentlich feststellen. Sie lagen meist als einfache Erdgruben angelegt im rückwärtigen Teil der Parzellen. Die archäologischen Befunde zeigen, daß die Verhältnisse im Stadtkern des 14. Jahrhundert bereits so eng waren, daß die Hinterhof- und Gartenbereiche überbaut wurden (Abb. 60). Für das 15. Jahrhundert läßt sich an mehreren Stellen eine Umstrukturierung der Entsorgungseinrichtungen im Stadtkernbereich feststellen.

Die beträchtliche Aufwertung der Residenzstadt durch die Gründung der Universität 1386 und die Wahl des Pfälzer Kurfürsten Ruprecht III. zum deutschen König (1400) wird den Anstoß gegeben haben, sich der hygienischen Mißstände in der Stadt anzunehmen. Die Gründe mögen ähnlich denen in Frankfurt gewesen sein, wo man es als „billich" empfand, daß die Stadt „glich andern steten iren genoszen in erberkeit und reynigkeit gehalten werde". Zunächst suchte man 1392 der drangvollen Enge – im Altstadtbereich lebten damals immerhin bis zu 4000 Menschen – durch eine Stadterweiterung entgegenzuwirken. Es bot sich nun die Möglichkeit viele landwirtschaftliche Einrichtungen, wie die großen Schweineställe der Bäckerzunft, in der Vorstadt anzusiedeln. Durch die Anlage von unterirdischen Kanälen und großen gemauerten Latrinen, die soweit möglich in die Häuser selbst integriert wurden, versuchte man die Abfall- und Fäkalienbeseitigung in den Griff zu bekommen.

60 Schnitt durch eine Abfallgrube des 13./14. Jahrhunderts, gestört von spätmittelalterlicher Überbauung.

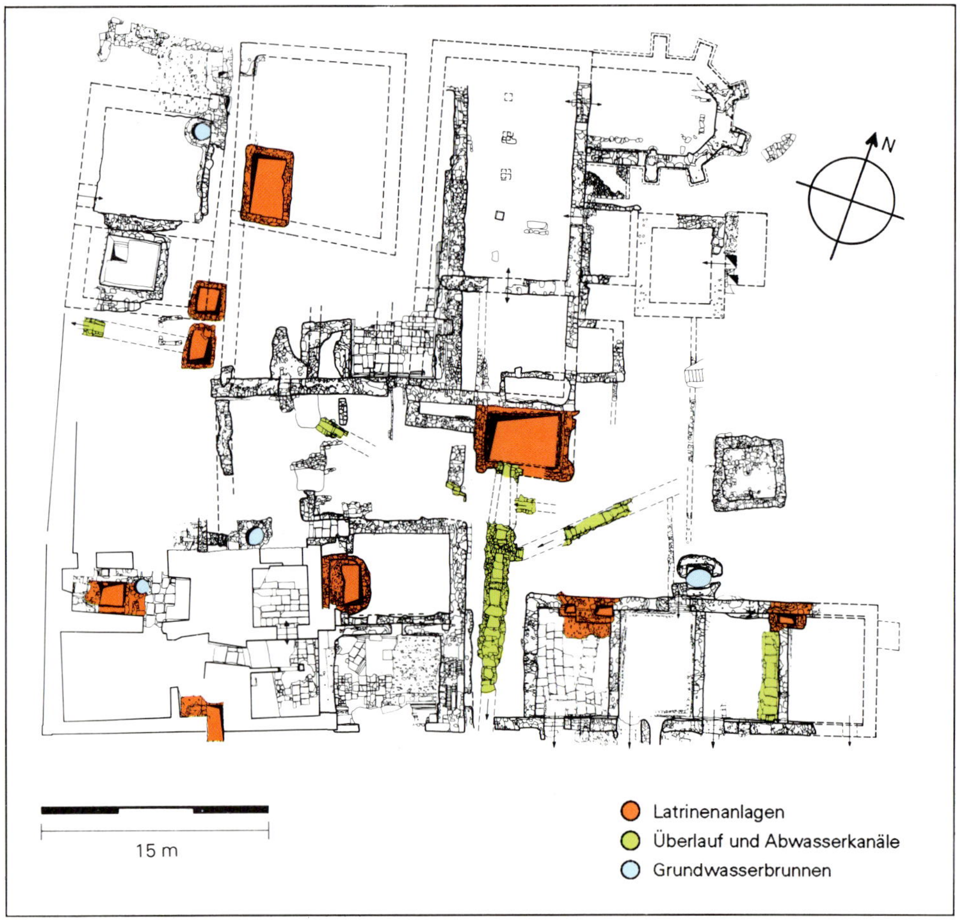

61 Der Kornmarkt mit den festgestellten mittelalterlichen und neuzeitlichen Entsorgungseinrichtungen.

Die Befunde im Heidelberger Spital zeigen geradezu beispielhaft, wie hier vorgegangen wurde. Als erstes Gebäude erhielt die alte Spitalhalle eine gemauerte Abfallgrube. Die als 6x4 m großes Rechteck angelegte Latrine war über vier Meter tief (Abb. 61). Sie ruhte auf einem Rahmen aus Eichenholz, der dendrochronologisch auf die Jahre 1399/1400 datiert werden konnte. Der obere Abschluß zeigt deutlich, daß sie ehemals mit einem hölzernen Überbau versehen war, der direkt an die Halle angelehnt war. Ähnlich wie bei bekannten Anlagen in Klöstern befanden sich hier wohl gleich mehrere Abtritte, die direkt vom Hauptbau aus erreichbar waren. In der Ausbauphase des Spitals während der ersten Hälfte des 15. Jahrhunderts erscheint erstmals ein neuartiger Latrinentyp. Die Abtritte befanden sich nun im Innern der Häuser und waren durch gemauerte Schächte mit unter den Kellern eingetieften Gruben verbunden. Sie waren sehr großzügig bemessen, bruchsteingemauert und durch Tonnengewölbe nach oben verschlossen. Die geschlossene Bauart dieser Anlagen sollte die Geruchsbelästigung so gering wie möglich halten. Beobachtungen im Heidelberger Altstadtbereich haben gezeigt, daß hier ein Standard entwickelt worden war, der für die folgenden Jahrhunderte zur Norm wurde.

Einen sehr guten Erhaltungszustand weisen die entsprechenden Latrinenanlagen des Reihenhauses auf, die gleichzeitig die bisher ersten dieser Art in Heidelberg sind (Abb. 61–63). Die beiden großen Latrinengruben waren bereits Bestandteil der Planung des Reihenhauses. Nach Ausheben der Fundament- und Kellergruben wurden sie als erster Arbeitsgang beim Bau des Hauses angelegt und nach oben zu den darüber gelegenen Kellern mit Tonnengewölben verschlossen. Die jeweiligen Abschnitte der Fundamentbzw. Gebäudemauer dienten zugleich als Rückwand der Latrinengruben. Zur Hälfte in diese Hauswand integriert, führten die aus Backstein gebauten Beschikkungsschächte in die Obergeschosse. Dagegen wurden sie im Keller aus statischen Gründen massiv mit dem Gewölbe vermauert und durch doppelte Backsteinlagen mit Lehmverstrich abgedichtet (Abb. 62). Zu einem späteren Zeitpunkt, wohl im 16. Jahrhundert, versah man die Gruben des Reihenhauses ebenso wie die Spitallatrine mit unterirdisch angelegten Überlaufkanälen. Sie waren aus Bruchstein trokken gegen das Erdreich gesetzt, mit Lehm abgedichtet, und mit schweren Sandsteinplatten gedeckt (Abb. 37). Diese Dolen wiesen teilweise ein sehr starkes Gefälle auf, und mündeten in einem großen, unter der heutigen Ingrimstraße verlaufenden öffentlichen Entwässerungskanal. Das einfache Kanalsystem ermöglichte zum einen längere Einfüllzeiten der Latrinen und somit größerer Abstände zwischen den Entleerungen. Zum anderen war bei starken Regen-

fällen der kontrollierte Austritt des flüssigen Inhaltes gewährleistet. Die Anlagen von unterirdischen Latrinen und Kanälen entsprach durchaus den Forderungen der berühmten architekturhistorischen Schriften von Leon Batista Alberti. Als Vorteile nannte er vor allem öffentliche Sauberkeit und Schutz vor Vergiftung der Luft.
Die Verlegung von Abfallgruben, Müll- und Misthaufen unter die Erde war sicherlich ein Fortschritt für die Hygiene innerhalb der Stadt. Dennoch war diese Entwicklung nicht unproblematisch. Man nahm damals an, daß fließendes Wasser „Unflat und Unreinheit verzehre". Da der Fluß des Grundwassers bereits bekannt war, wurden die Latrinengruben bis auf den Grundwasserspiegel eingetieft. Zudem versah man die Grubenwände mit Aussparungen, um Flüssigkeit austreten zu lassen. Dadurch entstand um jede Latrine ein enormer Verjauchungskreis, der Erdreich und Grundwasser vergiftete. In Unkenntnis dieser Problematik wurden Brunnen weiterhin in unmittelbarer Nähe von Haus und Latrine gebaut, wie der „Apothekenbrunnen" und derjenige an der Rückseite des Reihenhauses deutlich zeigen. Dennoch hatten die Entsorgungseinrichtungen des Reihenhauses bereits einen Standard erreicht, der erst durch die Einführung der Schwemmkanalisation in Heidelberg (um 1890), die nach und nach die oft jahrhundertealten Latrinen ersetzte, übertroffen wurde. Die Tradition, in Heidelberg aufwendige Tiefbauten anzulegen, geht also bereits bis in das Mittelalter zurück.

A. W.

62 Backsteinwand eines Beschickungsschachtes der Latrine F mit Lehmabdichtung.

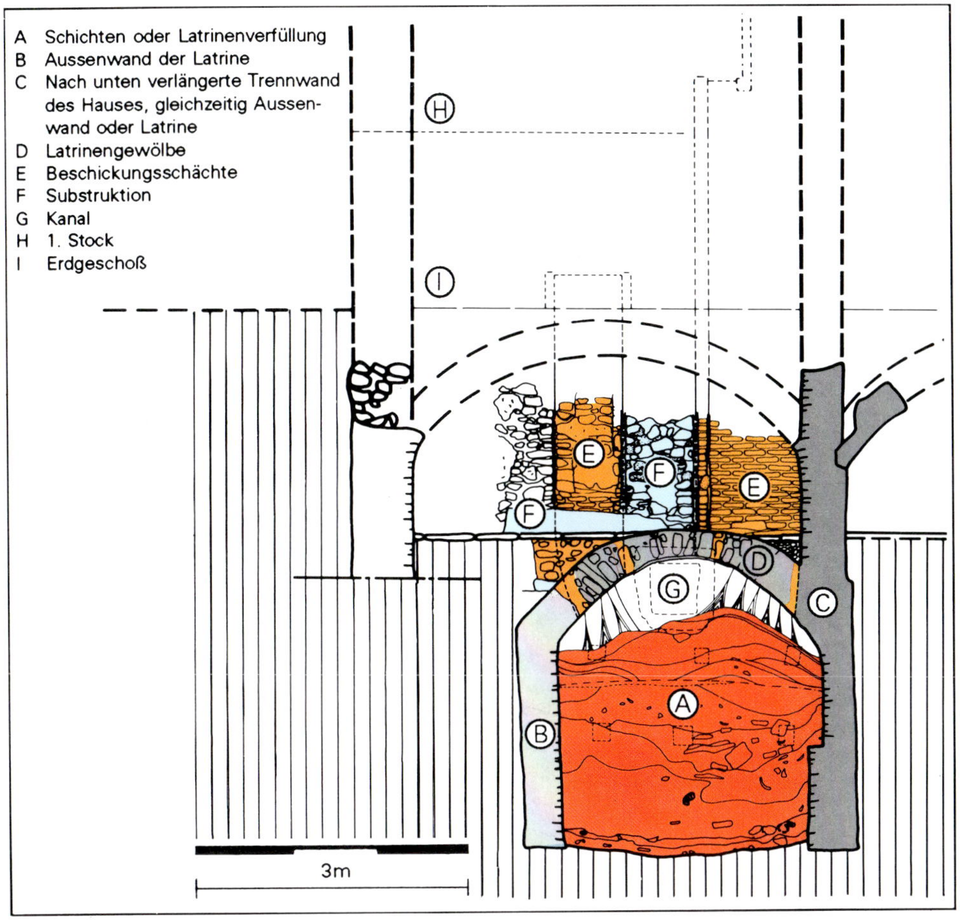

63 Schnitt durch ein Kompartiment des Reihenhauses mit Teilrekonstruktion der Entsorgungseinrichtungen.

Literaturhinweise

U. Dirlmeier, Die kommunalpolitische Zuständigkeiten und Leistungen süddeutscher Städte im Spätmittelalter. In: J. Sydow (Hrsg.), Städtische Versorgung und Entsorgung im Wandel der Geschichte. Veröff. des Südwestdt. Arbeitskreises für Stadtgeschichtsforschung 8 (1981) 140ff.

K. Grewe (Hrsg.), Wasserversorgung und Entsorgung im Mittelalter. Die Wasserversorgung im Mittelalter, Die Geschichte der Wasserversorgung 4 (1991).

B. Herrmann (Hrsg.), Mensch und Umwelt im Mittelalter (1987).

M. Jlli, Von der Schissgrub zur modernen Stadtentwässerung, (1987).

S. Schütte, Brunnen und Kloaken auf innerstädtischen Grundstücken im ausgehenden Hoch- und Spätmittelalter. Zeitschr. Arch. MA, Beih. 4 (1986) 237ff.

Zur chronologischen und kulturhistorischen Auswertbarkeit von Latrinenverfüllungen

Die Latrinen und Brunnen mit ihren fundreichen Verfüllungen gehören zu den interessantesten Befunden des Heidelberger Kornmarktes. Auch in alten Zeiten war es in Städten weder erwünscht noch erlaubt, Unrat und Abfall einfach auf die Straße zu werfen. Beschädigte, unbrauchbare Koch- und Eßgeschirre, Glaswaren, selbst Tabakpfeifen und vieles mehr wanderten so zum Teil in die hauseigenen „Müllschlucker", die Abtritte und aufgegebenen Brunnen. Die beeindruckenden Fundmengen an Glas- und Keramikgefäßen dürfen nicht darüber hinweg täuschen, daß nicht alle Materialgruppen in gleichem Maße in Latrinen entsorgt wurden. Obwohl zeitgenössische Inventare und Einkaufslisten den umfangreichen Gebrauch von hölzernen Eßgeschirren wie Brettern, Tellern und Schüsseln belegen, zählen diese Objekte trotz der günstigen Erhaltungsbedingungen im feuchten Latrinenmilieu zu den eher seltenen Fundstücken. Unbrauchbare Holzgegenstände verwendete man einfach als Brennmaterial. Metallgegenstände und auch Textilien wurden wiederverwertet. Im Laufe der Benutzungszeit einer Latrine bildeten sich übereinandergelagerte Schichtpakete. Im Idealfall finden sich in den untersten Lagen die älteren und in den oberen Straten die jüngeren Fundstücke. Tiefgreifende Reinigung und Umbauten der Latrine können den „gewachsenen" Aufbau der Verfüllung stören und soweit verändern, daß eine chronologische Auswertung sehr erschwert wird. Bei der Ausgrabung wird der Schichtaufbau (Stratigraphie) und die Position der Fundstücke zeichnerisch dokumentiert, eingemessen und in einer Beschreibung festgehalten. Einige Latrinen des Heidelberber Kornmarktes (zum Beispiel Latrine D) sind über einen Holzrahmen gemauert. Für die Eichenbohlen ließen sich über die Methode der Baumringdatierung die Fällzeiten ermitteln. Für andere Befunde (zum Beispiel Latrine B) sind die Anfangs- und Enddaten aus Schrift- und Bildquellen zu erschließen. Nicht zuletzt enthalten die Fundschichten Münzen, Keramik- und Glasgefäße, die mit Jahreszahlen versehen sind (in Latrine A, E, F und H). Die so gewonnenen Daten liefern den zeitlichen Rahmen für die relativchronologische Auswertung der Fundmaterialien.

Das Fundspektrum der Latrinen zeigt, daß sie zu unterschiedlichen Zeiten verfüllt wurden. Einige Gruben enthalten nahezu alle Gefäßtypen, andere nur Ausschnitte aus dem Formenrepertoire. Aus dem Vergleich der Fundmaterialien ergibt sich die Gleichzeitigkeit einzelner Schichtsequenzen oder aber ihre zeitliche Abfolge (Abb. 64). Die Entwicklung der Fundgruppen aus den Kornmarktlatrinen kann vom späten 14. Jahrhundert bis zur Zerstörung der Stadt im Jahre 1693 verfolgt werden. Der naturwissenschaftlichen Untersuchung der pflanzlichen und tierischen Reste aus Latrinen wuchs in den letzten Jahrzehnten immer größere Bedeutung zu. Paläobotanik und Osteologie erforschen unter anderem die Ernährungsgewohnheiten, während die Pollenanalyse den biologischen Lebensraum zu rekonstruieren versucht. Die Analyse der Tierknochen, Pflanzenreste und Erdproben aus den Kornmarktlatrinen ist noch nicht abgeschlossen, so daß zur Zeit nur vorläufige Ergebnisse zur Verfügung stehen. Für einige Krankheiten und ihre Ursachen können die Ergebnisse von Virologie und Parasitologie wichtige medizinhistorische Erkenntnisse beitragen. Anhand der geborgenen organischen Abfälle und Alltagsgegenstände lassen sich

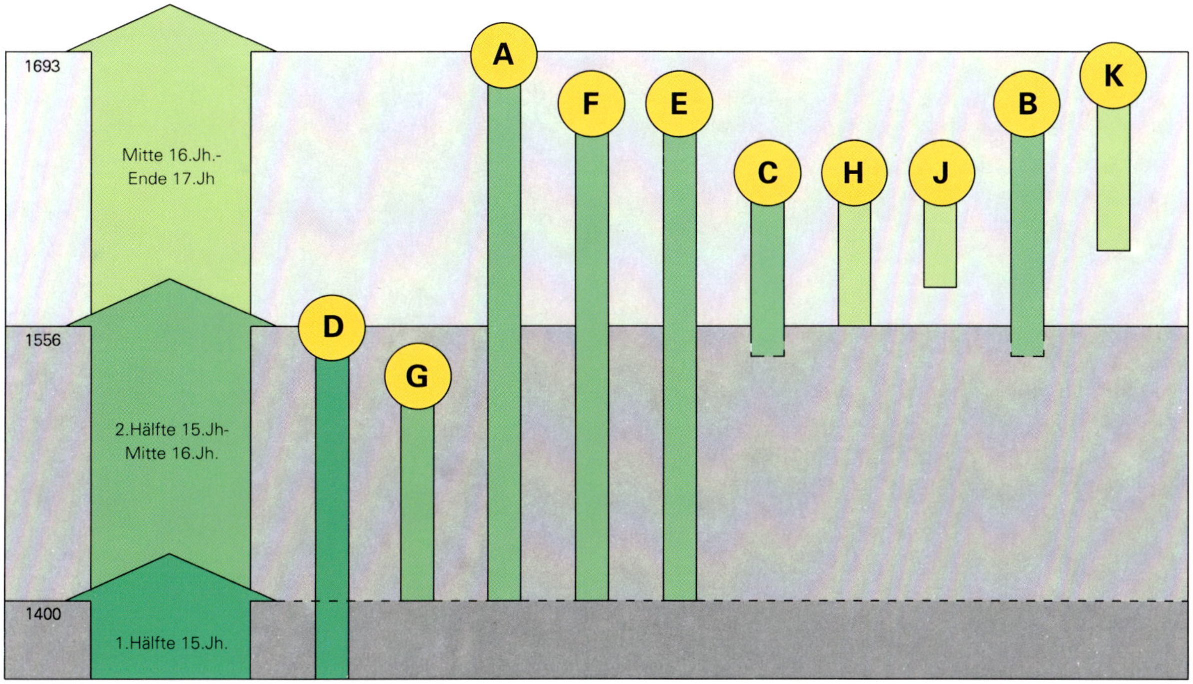

64 Zeitliche Abfolge der Verfüllphasen der gemauerten Latrinen vom Kornmarkt zwischen 1400 und 1693. Über die Baumringdatierung und anhand von Schriftquellen gewonnene Daten liefern die Fixpunkte für den chronologischen Rahmen: 1399/1400 datierte Holzrahmenkonstruktion der älteren Spitallatrine. 1556 Auflösung des Spitals; damit verbunden Umbaumaßnahmen. 1693 Stadtbrand und Zerstörung der Baulichkeiten am Kornmarkt.

Eß- und Trinkgewohnheiten, Lebensstandard, selbst Berufsbilder der einstigen Bewohner nachzeichnen.

M. B. / Ch. P-G. / A. W.

Literaturhinweise

A. Falk, Materielle Kultur und soziale Struktur. Erfahrungen und Ergebnisse archäologisch-historischer Arbeiten in Lübeck. Zeitschr. des Ver. für Lübeckische Geschichte und Altertumskunde 67, 1987, 9ff.

A. R. Hall (Hrsg.), Environmental archaeology in the urban context. CBA Research Report Nr. 43 (1982).

S. Schütte, Brunnen und Kloaken auf innerstädtischen Grundstücken im ausgehenden Hoch- und Spätmittelalter. In: Zur Lebensweise in der Stadt um 1200 (Hrsg. von H. Steuer), Zeitschr. Arch MA, Beih. 4 (1986) 237ff.

Geschichte aus Scherben

Keramik, Holz und Glas

Die Keramik des Kornmarktes

Zerbrochene Keramikgefäße machen im Fundmaterial des Kornmarkts den größten Teil aus. Bei den aus den Latrinen geborgenen Scherben, deren Gesamtgewicht die Tonnengrenze überschreiten dürfte, handelt es sich überwiegend um eine einfache irdene Gebrauchskeramik, wie sie wohl in jedem Haushalt vorhanden war. In vergleichsweise geringen Stückzahlen kamen prestigeträchtigere Waren wie Steinzeuge und Fayencen vor.

Während dieses repräsentative Tafelgeschirr schon zu Anfang des Jahrhunderts in der kunsthistorischen Forschung eine Würdigung erfuhr, blieben die einfachen Irdenwaren des späten Mittelalters und der frühen Neuzeit dagegen lange außerhalb des wissenschaftlichen Interesses. Hier scheint sich ein Umschwung anzubahnen. Neben Untersuchungen über die bemalte Irdenware, besonders aus Nord- und Westdeutschland, wurde in den letzten Jahren zunehmend auch einfache Gebrauchskeramik vorgestellt.

Für die Region an Oberrhein und Neckar gibt es noch keine eingehenden Analysen der Keramik des späten Mittelalters und der frühen Neuzeit. Die Auswertungen der Kornmarktfunde werden diese Forschungslücke zu einem Teil schließen können, indem sie das Heidelberger Keramikspektrum in seiner chronologischen Abfolge von 1400 bis 1700 vorstellen und die Geschichtsschreibung des Alltags der Menschen in dieser Zeit um einige Facetten erweitern.

65 Unglasierte Irdenware; untere Reihe 1. Hälfte 15. Jahrhundert, obere Reihe 15. Jahrhundert.

Die Heidelberger Irdenware

Irdenware ist eine poröse Keramik. Sie wurde aus einem, sicherlich im näheren Umkreis gewonnenen, mit Sand zumeist fein gemagerten Ton auf der Drehscheibe geformt. Im Töpferofen war sie in oxidierender Brennatmosphäre, das heißt bei ständiger Luftzufuhr, Temperaturen bis um 800 °C ausgesetzt. Diese mittelhart gebrannte Ware weist verschiedene Färbungen von hell sandfarben bis orange und braun auf. Die Farbe des Scherbens (= der gebrannte Ton) ist abhängig von der Zusammensetzung des Tons, der Länge und Temperatur des Brennvorgangs sowie vom Standort des Gefäßes im Ofen.

Der überwiegende Teil der frühesten Irdenware des Kornmarkts wurde in reduzierender Brennatmosphäre gebrannt. Die Luftzufuhr wurde ab einem bestimmten Zeitpunkt unterbunden, und es entstand ein Schwelbrand, der den Scherben grauweiß bis schwarzgrau färben konnte. Reduzierend gebrannte Ware ist härter und dichter als die poröse oxidierend gebrannte, ohne allerdings völlige Wasserundurchlässigkeit zu erreichen. Diese konnte durch die Bleiglasur, eine beim Brennen auf der Innenseite der Gefäße aufgeschmolzene Glasschicht, erzielt werden. Sie bestand aus einem mit Quarzsand versetzten Tonschlicker, dem eine Bleiverbindung, wie Mennige oder Bleiasche, beigemengt war. Dieses Flußmittel, oft vom Töpfer selbst hergestellt, setzte den Schmelzpunkt des Quarzes herab, so daß ein Verformen der Gefäße wegen Überhitzung vermieden wurde. Beigefügte Metalloxide sorgten für die Einfärbung der Glasur mit einem transparenten oder opaken Farbton, was von der Menge der Farbpigmente abhing. Auf der Irdenware des Kornmarkts finden sich dunkelgrün deckende sowie hellgrün und gelb durchscheinende Glasuren, die je nach der Farbe des Scherbens eine Variationsbreite von hellgelben über orange und braune bis zu oliven Farbstufen annehmen können.

Irdenwaren des 15. Jahrhunderts

Aus der ältesten gemauerten Abortgrube des Kornmarkts, der um 1400 errichteten Spitallatrine D, lassen sich chronologisch drei Gefäßgruppen präzisieren. Sie datieren über zum Teil münzdatierte Parallelfunde aus der näheren Umgebung in die ersten Jahrzehnte des 15. Jahrhunderts. Es handelt sich um überwiegend reduzierend gebrannte Krüge, Trinkbecher mit Standboden und bauchige Töpfe, deren Wandung durch spiralförmig umlaufende Rillen fast gänzlich bedeckt ist (Abb. 65). Bei zahlreichen Töpfen schließt dieser Rillendekor mit einem oder zwei Ziergraten auf der Schulter ab. Noch ohne genauere zeitliche Eingrenzung im 15. Jahrhundert sind Trinkbecher mit abgesetztem Fuß, schulterbetonte Töpfe mit Leistenrändern und gebauchte Henkelschüsseln (Abb. 65). Erstmals treten innen hellgrün, grün oder gelb glasierte, gerillte Töpfe mit Ziergrat auf. Ihre Leistenränder sind zur Aufnahme von konischen Deckeln innen gekehlt. Daneben gibt es, allerdings in geringer Zahl, glattwandige Henkeltöpfe. Grünglasierte konische Henkelschüsseln mit Dreiecksrändern und randständigen Henkeln sind dagegen zahlreich vertreten. Die wenigen kleinen Pfannen haben ebenfalls eine im Querschnitt dreieckige Randform (Abb. 66).

66 Glasierte Irdenware; 15. und 16. Jahrhundert.

Irdenware des 16. Jahrhunderts

Bis auf Trinkbecher mit hohem Fuß und kleine oxidierend gebrannte Töpfe gibt es im 16. Jahrhundert kaum noch unglasierte Ware. Es herrschen gelbstichig transparente Glasuren vor. Bei den Töpfen wird der Ziergrat durch einen oder zwei aufgemalte rotbraune Streifen als Dekorelement ersetzt. Im Verlauf der zweiten Hälfte des Jahrhunderts erlischt die Produktion von gerillten Töpfen. An ihre Stelle treten glattwandige Henkeltöpfe, die ebenfalls mit roten Farbstreifen bemalt sind. In einer älteren Variante ist das untere Henkelende einfach auf der Gefäßwandung verstrichen. Bei den jüngeren, noch über das 17. Jahrhundert hinaus belegten Formen besitzt es eine Druckmulde vom Finger des Töpfers. Kombiniert ist sie meistens mit einer schwachen, schrägen Kannelierung der Wandung, der „Lummelung“. Die un-

67 Teller und Hängeschale aus bemalter Irdenware mit drei Dekorvarianten: Floraler Dekor (Blumen-, Blatt- und Fruchtmotive); Flämmchendekor (kleinteilige, spiralig angeordnete Farbtupfen in der Form von Flämmchen oder Blättern); Marmorierung (zerfließende, ineinanderlaufende Farben). Einzelne Stücke sind auch mit Jahreszahlen oder Sinnsprüchen versehen.

terrandständigen Henkelschüsseln des 16. Jahrhunderts übernehmen die äußere, leicht gekehlte Ausformung der Topfränder. Gleichzeitig mit den Töpfen verschwinden auch sie aus dem Formenrepertoire (Abb. 66).

Irdenware des 17. Jahrhunderts

Neben der bekannten Form des Henkeltopfs, die mit leichten Veränderungen das 17. Jahrhundert durchläuft, erscheinen wohl schon im späten 16. Jahrhundert Gefäßformen mit aufwendigerem Dekor: Teller und Schüsseln mit bichromer grüner und gelber Glasur, niedrige, gebauchte bichrome Henkeltöpfe (vgl. S. 110, Abb. 144). Krüge, Terrinen und Kasserollen mit Innen- und Außenglasur (vgl. S. 106, Abb. 137). Daneben gibt es auffällig viele große Dreibeintöpfe und Pfannen, die bei der Metallknappheit im und nach dem Dreißigjährigen Krieg wohl eiserne Koch- und Bratgefäße ersetzen.

Mit den neuen Gefäßformen kommt als eine neue Verzierungsart die großflächige, bunte Bemalung von Tellern und Schüsseln auf. Als Farben dienen weiße, rötliche und hellbraune Tonschlicker sowie grüne Glasur. Mit dem Malhorn, einem Behälter, an dessen Ausfluß ein Federkiel befestigt ist, werden sie auf die vorher mit einer Engobe grundierten Gefäße aufgemalt und anschließend mit einer gelbstichig transparenten Bleiglasur überzogen. Diese dunkelt die ursprünglichen Farbwerte um einige Stufen ab (Abb. 67). Schnittspuren vom Gebrauch der Messer auf den Telleroberflächen deuten auf eine vorwiegende Nutzung als Tischgeschirr hin.

Die etwa zwei Dutzend polychromen Irdenwaren des Heidelberger Kornmarkts belegen, daß bunte Bemalung auch im südwestdeutschen Raum ab dem Ende des 16. Jahrhunderts bekannt war. Angesichts der bislang nur spärlich publizierten Vergleichsfunde aus Süddeutschland kommt ihnen besondere Bedeutung zu. M. B.

Literaturhinweise

V. Burhenne u.a., Frühe dekorierte Irdenware (1991).

U. Gross, Mittelalterliche Keramik zwischen Neckarmündung und Schwäbischer Alb, Forsch. u. Ber. Arch. MA 12 (1991).

R. Koch, Mittelalterliche Trinkbecher aus Keramik von der Burg Weibertreu bei Weinsberg, Kr. Heilbronn, Forsch. u. Ber. Arch. MA 6 (1979) 47ff.

D. Lutz, Keramikfunde aus dem Bergfried der ehemaligen Wasserburg in Bruchsal, Kr. Karlsruhe, Forsch. u. Ber. Arch. MA 6 (1979) 189ff.

H.-G. Stephan, Die bemalte Irdenware der Renaissance in Mitteleuropa (1987).

I. Jensen, Archäologie in den Quadraten. Katalog zur Ausstellung im Städt. Reiss-Museum Mannheim (1986).

Trink- und Schenkgefäße aus Steinzeug

Die ungemagerten Steinzeugtone, Verwitterungsprodukte feldspathaltigen Gesteins, enthalten einen hohen Anteil an Quarz und in gewissem Umfang auch Erdalkalien und Eisenoxid, die als Flußmittel eine frühzeitige Sinterung des Tons bei Temperaturen von 1200 bis 1300 °C im Töpferofen bewirken. Im Gegensatz zu den meisten Tonen, die gleichzeitig sintern und schmelzen, liegt zwischen der Sinterungstemperatur und dem Schmelzpunkt der Steinzeugtone eine Differenz von etwa 400 °C. Diese Besonderheit macht die Herstellung von Steinzeuggefäßen erst möglich. Sie sind nach dem Brand wasserundurchlässig und säurefest und eignen sich vorzüglich als Schenk-, Trink- und Vorratsgefäße.

Eine zur Abdichtung der Steinzeuge nicht notwendige, aber seit dem 16. Jahrhundert wohl aus ästhetischen Gründen häufig verwendete Technik ist, neben Lehmglasuren, die Salzglasur. Während des Brennvorgangs wird Kochsalz in den Ofen eingebracht, das unter Einwirkung des in den Verbrennungsgasen enthaltenen Wasserdampfs in die Bestandteile Salzsäure und Natriumoxid zerfällt. Dieses bleibt auf der glühenden Oberfläche des Scherbens haften und reagiert mit der Kieselsäure im Ton zu einem Natriumsilikat, das wie Glas die Oberfläche des Scherbens überzieht.

Aus Steinzeug gefertigte Krüge, Humpen und Becher sind im Gegensatz zu den Dutzenden von Trinkbechern aus grauer Irdenware oder gar den Hunderten von Gläsern im Fundgut der Latrinen des Kornmarkts zahlenmäßig schwach vertreten. Das Mengenverhältnis zwischen den verschiedenen Fundgattungen und Warenarten legt nahe, daß Steinzeuge nicht als Handelsware, sondern eher als hochgeschätzte Einzelstücke nach Heidelberg gelangten. Sie stammen nahezu alle aus dem Rheinland, wo im 16. Jahrhundert in Köln-Frechen, Siegburg und Raeren die Produktion dieser zum Teil mit plastischen Auflagen reich geschmückten Prunkkeramik einen Höhepunkt erreichte. Im 17. Jahrhundert übertraf das „Kannenbäckerland" im Westerwald die rheinische Steinzeugherstellung. Hier wurden gegen Ende des Jahrhunderts allerdings kaum noch Prachtgefäße gefertigt, da deren Hauptabnehmer, Adel und reiches Bürgertum, gläsernen Gefäßen und den neuen reprä-

68 *Siegburger Steinzeug; rot geflammte Trichterhalsbecher und Tasse, 15./16. Jahrhundert; weißer Trichterhalsbecher und Krug mit plastischen Auflagen; 2. Hälfte 16. Jahrhundert.*

sentativen Waren Fayence und importiertem Porzellan den Vorzug gaben.

69 Medaillon eines Siegburger Trichterhalsbechers mit Wappen und Monogramm W R. Er stammt aus der Haushaltslatrine des Protonotarius Wendel Regensberger.

Siegburger Steinzeug

Rot geflammte Trichterhalsbecher oder -krüge waren im 15. Jahrhundert typische Gefäße Siegburger Produktion. In ihrer späten Variante mit weitem, leicht geschwungenem Rand über dem kugeligen, zum Boden hin gerippten Körper und Wellenfuß (15./16. Jahrhundert), kam diese Becherform in einigen Exemplaren auch im Kornmarktquartier vor (Abb. 68). Im Verlauf des 16. Jahrhundert gelang es den Siegburger Töpfern, einen gelblich- bis grauweißen Scherben zu brennen. Er bot sich als ideale Unterlage für zahlreiche plastische Auflagen an, die ab der Mitte des Jahrhunderts die Siegburger Steinzeuge schmückten. Mit Hilfe von Matrizen stellten die Töpfer auf rechteckigen Bildfeldern und runden Medaillons Personen, Wappen, florale, allegorische und religiöse Motive dar. Sie gehen meist auf graphische Vorbilder zurück, mit denen sich die Gefäße datieren lassen. Bisweilen sind die Auflagen auch mit Monogrammen versehen. Die Keramikforschung ist sich nicht einig, ob sie die Töpfer oder aber spezialisierte Formenschneider, welche die Matrizen für die Auflagen fertigten, angeben. Mitunter kann das Monogramm auch den Besitzer des Gefäßes nennen, wie es ein völlig unversehrt erhaltener Heidelberger Trichterhalsbecher zeigt (Abb. 69). Neben weiteren Trichterhalsbechern fanden sich mehrere Stücke des im letzten Drittel des 16. und zu Beginn des 17. Jahrhunderts üblichen Formenschatzes: Fragmente von Schnellen (hohe, schlanke Bierhumpen), ein gebauchter Zylinderhalskrug und eine Pulle mit Medaillon und spärlicher kobaltblauer Bemalung (Abb. 70).

70 Pulle mit Medaillonauflage; Siegburg, 2. Hälfte 16. Jahrhundert.

Köln-Frechener Steinzeug

Aus Frechener Produktion, deren bekannteste Gefäßform der „Bartmannskrug" mit braun gesprenkeltem Scherben ist, stammen zwei bemerkenswerte Stücke, ein lehmglasierter Kugelbauchkrug aus dem Apothekenbrunnen (vgl. S. 134) und ein fast identisches Krugunterteil aus der Latrine des Giebelbaus mit der Umschrift: DRINC UN ES GOT NIT VERGS (Trink und iß, Gott nicht vergiß). Beide Krüge datieren in das letzte Viertel des 16. Jahrhunderts.

Raerener und Westerwälder Steinzeug

In Raeren bei Aachen erschien in den achtziger Jahren des 16. Jahrhunderts durch eine Neuerung in der Brenntechnik erstmals der reduzierend gebrannte graue Scherben mit kobaltblauer Bemalung. Sie wurde von dem berühmtesten Töpfer Raerens, Jan Emens Mennicken, eingeführt. Auf grauer Grundlage kam die blaue Farbe wesentlich besser zur Geltung als auf dem bislang braunen Scherben.
Ab 1590 wanderten neben Siegburger auch Raerener Töpfer in das Kannenbäckerland im Westerwald aus, wo noch heute reiche Lagerstätten guter Steinzeugtone anstehen. Zu Beginn des 17. Jahrhunderts töpferten sie noch mit den mitgebrachten Auflagen-

stempeln in der alten Manier, so daß ihre Erzeugnisse sich häufig nicht von denen ihrer in Siegburg oder Raeren zurückgebliebenen Kollegen unterscheiden. Ein solches Stück ungesicherter Raerener oder Westerwälder Provenienz ist der auf 1589 datierte graublaue Zylinderhalskrug (Abb. 71 und 72).

Kobaltblaue und ab der Mitte des 17. Jahrhunderts manganviolette Bemalung waren typisch für Westerwälder Steinzeuge. Exemplare ihrer breiten Produktionspalette fanden sich auch unter dem Kornmarkt. Es handelt sich hauptsächlich um Krugfragmente mit

71 Zylinderhalskrug aus Raerener oder Westerwälder Produktion, datiert 1589 und Westerwälder Krug; 2. Hälfte 17. Jahrhundert.

gleichmäßig verteilten oder sternförmig angeordneten plastischen Blüten-, Blatt-, Tier- und Maskenmotiven sowie eingestempelten Ornamenten. Darunter ist ein nahezu vollständig erhaltener Krug mit blauvioletter Bemalung (Abb. 71).

Medaillons auf Westerwälder Gebrauchskeramik

Das wasserundurchlässige, säurefeste und leicht zu reinigende Steinzeug eignet sich nicht nur zu Aufnahme trinkbarer Inhalte, sondern auch als Vorrats-

72 Halsfries des 1589 datierten Zylinderhalskrugs. Randauflagen mit Jahreszahlen wurden auch über das angegebene Jahr hinaus benutzt. Vom Töpfermonogramm ist nur der erste Buchstabe I (für Jan) erhalten.

gefäß und Nachttopf. Einige Westerwälder Henkeltöpfe sind mit ovalen Medaillons verziert, die seit der Mitte des 17. Jahrhunderts oft geistlichen und weltlichen Fürsten gewidmet waren. Ein Heidelberger Medaillon bezieht sich auf den Amtsantritt des schwedischen Königs Karl X. Gustav aus dem Hause Pfalz-Zweibrücken im Jahre 1654, ein weiteres auf den Bischof von Würzburg. Daneben kommen auch Medaillons mit scherzhaften Sprüchen vor. Ein niedriger Henkeltopf mit schräggestelltem Rand trägt die Abbildung eines Soldaten mit einem Trinkgefäß in der Hand und der Umschrift: DISER DRINKT VND DOCH KEINEN WEIN (Abb. 74). So wird uns nicht nur die Funktion dieses Gefäßes nahegebracht, sondern auch der derbe Humor der Westerwälder Töpfer und ihrer Kunden.

73 Humpen aus Creußen und Waldenburg; 1. Drittel 17. Jahrhundert.

74 Datiertes Medaillon auf einem Westerwälder Nachttopffragment mit der Umschrift: DISER DRINKT VND DOCH KEINEN WEIN IW 1663.

Waldenburger und Creußener Steinzeug

Ein schlichter Humpen mit Blattornamenten und brauner Lehmglasur wurde in dem sächsischen Töpferort Waldenburg hergestellt, der schon im 16. Jahrhundert eine reiche Steinzeugproduktion besaß. Aus dem fränkischen Creußen bei Bayreuth stammt der dunkelbraun engobierte Humpen mit Portraitköpfen eines Fürstenpaares. Beide Stücke datieren in das erste Drittel des 17. Jahrhunderts (Abb. 73).

Literaturhinweise

K. Göbels, Rheinisches Töpferhandwerk (1971).

E. Hähnel, Siegburger Steinzeug, Bd. 1 (1987).

H. Hellenbrandt, Raerener Steinzeug, Aachener Beiträge für Baugeschichte und Heimatkunst. 4 (1977).

J. Horschik, Steinzeug, 15. bis 19. Jahrhundert. Von Bürgel bis Muskau (1978).

E. Klinge, Deutsches Steinzeug der Renaissance- und Barockzeit (1979).

H. Spiegel, Über die Entwicklung des historischen Steinzeugs am Beispiel des Westerwälder Steinzeugs, In: Beiträge zur Keramik 1 (1980).

Tafelgeschirr aus Fayence

Fayence oder Majolika ist eine glasierte Irdenware, die aus kalkhaltigem Ton gebrannt und deren Glasur mit einem zehn- bis zwanzigprozentigen Anteil von Zinnoxid versetzt ist. Diese Glasur bildet einen dekkend weißen Überzug, von dem sich farbige Bemalung besonders gut abhebt.
Vor dem Glasieren wird das Gefäß bei einem ersten Brand, dem Schrühbrand, etwa 850 °C ausgesetzt. Nach dem Trocknen der Glasurauftrags kann es mit den sog. Scharffeuerfarben bemalt werden. Farbträger sind Pigmente aus Metalloxiden, die ihre Wirkung erst im Garbrand, bei „scharfem Feuer" um 1050 °C entfalten (hauptsächlich blau, manganviolett, gelb und grün). Bemalung und Glasur werden zusammen auf die Gefäßoberfläche aufgeschmolzen. Die vor allem im 18. Jahrhundert angewandte Überglasurmalerei mit Muffelfarben, für die ein weiterer Brennvorgang nötig ist, fand sich bei den vor 1693 produzierten Fayencen des Kornmarkts nicht.

Die Verbreitung in Europa bis zum 17. Jahrhundert

Die Fayencetechnik erreichte im 9. Jahrhundert in Vorderasien einen Höhepunkt. Durch den Handel über die Seidenstraße stand die islamische Welt mit China in Verbindung, wo seit dem 8. Jahrhundert Porzellan hergestellt wurde. Die Funde von Samarra (vor 833) belegen den Einfluß chinesischen Porzellans auf die islamische Keramik.
Mit der Besetzung Süditaliens und Spaniens durch die Araber gelangte auch die Technik der zinnglasierten Keramik nach Europa. Über den Umschlagplatz Mallorca, daher auch der Name Majolika, wurden in Malaga und Granada gefertigte Gefäße ins christliche Abendland exportiert. Im 14. Jahrhundert entstanden in Italien zahlreiche Produktionsstätten, darunter in Faenza, das von nun an der Keramik mit Zinnglasur den Namen verlieh: Fayence. Sowohl in Frankreich als auch in Holland sind für das 16. Jahrhundert Fayencemanufakturen nachgewiesen.
Einen besonderen Aufschwung erhielt die niederländische Produktion durch den Chinahandel der Holländischen Ostindischen Compagnie ab 1602. Für die neuen, aus Übersee importierten Genußmittel Tee, Schokolade und türkischen Kaffee benötigte man ein Tafelgeschirr von gleich hohem Prestigewert. So wurde aus China blau-weißes Mingporzellan der Periode des Kaisers Wan-Li (1573 bis 1619), das eigens für den europäischen Markt hergestellt wurde, ins Land gebracht. Holländische Töpfer, vor allem aus Delft, versuchten mit ihren Mitteln dieses Porzellan in Form und Dekor zu imitieren, wozu sich die Fayencetechnik anbot. Sie bauten die Produktion von Chinoiserien zu einem lukrativen Erwerbszweig aus und belieferten die Nachbarländer mit diesem repräsentativen Tafelgeschirr.

75 Bankettszene mit Fußschalen aus Edelmetall. Sie dienten als Trink-, Frucht- und Konfektschalen; Antoine Claeissens, Festmahl, 1574, Groeningemuseum, Brügge.

Frühe deutsche Fayencen

Über die Entwicklung der Fayenceherstellung im deutschsprachigen Raum des 16. und frühen 17. Jahrhunderts ist wenig bekannt. In Südtirol und der Schweiz wurde neben zinnglasierten Ofenkacheln auch Tischkeramik angefertigt. In Franken mit Zentrum Nürnberg vermutet die Forschung Töpfereien, die mit der Fayencetechnik arbeiteten.

Zu Erzeugnissen noch nicht näher bestimmbarer deutscher Provenienz zählt wohl eine Reihe von Gefäßen aus dem Kornmarktquartier. Aus dem Brunnen des Eckhauses stammen zahlreiche Apothekenfayencen sowie eine Schale auf hohem Fuß (vgl. S. 135), zu denen es bislang ebensowenig Parallelen gibt wie zu neun zum Teil fragmentierten Fußschalen und einer Schale aus der Latrine des Giebelbaus, den ab 1574 der hohe Hofbeamte Wendel Regensberger und seine Nachkommen bewohnten (vgl. S. 111, Abb. 146).

Diese Gefäße, Imitationen von Fußschalen aus Glas und Edelmetall (Abb. 75), sind mit einer hellgrauweißen Zinnglasur überzogen, blau und bei einzelnen Stücken geringfügig manganviolett sowie mit

76 Fußschale aus Fayence mit blau-weißem Eichenblattmotiv, 16./17. Jahrhundert.

gelber Bleiglasur bemalt. Sie tragen Motive von Blumen, Blättern und Früchten (Abb. 176). Besonders das Blattmotiv taucht in leichten Variationen immer wieder auf und läßt den Schluß zu, daß in einer Werkstatt eine Serie von Fußschalen gefertigt wurde. Die starken formalen Übereinstimmungen in Form und Dekor auf Fuß und Rand mit der Fußschale aus der Apotheke deuten auf den gleichen Datierungsansatz in die Jahrzehnte um 1600 hin. Gefäßform und Malstil zeigen keine Parallelen mit ausländischen Fayencen, was Anlaß zur Vermutung gibt, daß eine deutsche Töpferei diese zinnglasierte Keramik herstellte. Das Motiv auf der Fußschale aus der Apotheke unterstützt diese These. Der dargestellte Ochse erscheint auch als Holzschnitt in dem 1586 in Frankfurt am Main verlegten Kochbuch des Marx Rumpolt (Ein new Kochbuch...). So wird die Zahl der bisher bekannten frühen deutschen Fayencen um eine ganze Reihe archäologisch geborgener, aus dem Fundkontext datierbarer Gefäße erweitert.

Hanauer und Frankfurter Fayencen

Im Jahr 1661 eröffnete der aus einer Familie holländischer Emigranten stammende Daniel Behagel in Hanau die erste deutsche Fayencemanufaktur. Offenbar

77 Schale, Teller und Buckelschale aus der Hanauer oder Frankfurter Manufaktur, letztes Drittel 17. Jahrhundert.

war die Marktlage für repräsentative Keramik günstig, denn 1666 gründete der vorher in Brüssel ansässige Jean Simonet in der benachbarten Messestadt Frankfurt ebenfalls eine Fayencefabrik.

In beiden Betrieben wurden in Delfter Manier Chinoiserien, hauptsächlich Platten, Teller, Schalen und Enghalskrüge im Wan-Li-Dekor produziert. Da die Maler, zum Teil Holländer, häufig nach kurzer Zeit die Manufaktur verließen, weiterzogen und dabei oft für die Hanauer wie die Frankfurter Werkstätten arbeiteten, lassen sich deren Produkte aus dem 17. Jahrhundert anhand des Malstils nur schwer voneinander unterscheiden. Mit der Zeit wurden die ursprünglich chinesischen Motive von den Malern immer weniger verstanden und verschwommen oder europäisiert wiedergegeben. „Im späten 17. Jahrhundert hatten sich die Frankfurter Maler mit einer mehr oder weniger blühenden Phantasie schon eine eigene Frankfurter Chinesensprache zurechtgelegt" (A. Feulner, S. 27).

In den jüngsten Verfüllschichten der Kornmarktlatrinen und im Brandschutt des Kellers des Reihenhauses von 1693 lagen mehrere rekonstruierbare Exemplare sowie zahlreiche Fragmente von Tellern und Schalen, die mit hoher Wahrscheinlichkeit in Frankfurt oder Hanau produziert wurden und in Form und Bemalung mit Blumen, Früchten und Landschaften Delfter Vorbilder nachahmen (Abb. 77). Besonders hervorzuheben sind eine Buckelschale in Wan-Li-Dekor sowie zwei Spruchteller mit einer Krone zwischen gegenständigen Drachen aus dem letzten Drittel des 17. Jahrhunderts (Abb. 78). Vergleichbare Bodenfunde kamen auch in Hanau und Frankfurt bei Grabungen ans Tageslicht.

Solche archäologisch geborgene Funde erweitern den bislang bekannten Formenschatz einer Manufaktur. Unsere Kenntnisse beruhen zum großen Teil auf Stücken aus Museumsbeständen, die aus Zufall oder wegen ihrer hervorragenden Qualität oft über mehrere Stationen im Kunsthandel in die Museen gerieten. Diese Sonderstücke sind auf keinen Fall repräsentativ für die gesamte Bandbreite der Produktion einer Werkstatt oder Manufaktur. Erst durch einen systematischen Vergleich der in Zukunft sicherlich noch wachsenden Anzahl von Bodenfunden dürfte ein umfassendes Spektrum der deutschen Fayencen des 16. und 17. Jahrhunderts erkennbar werden.

M. B.

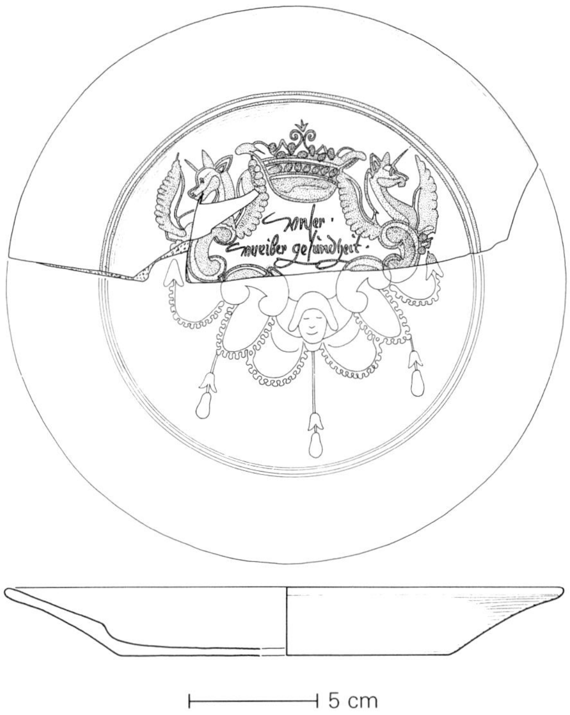

78 Fayenceteller der Hanauer oder Frankfurter Manufaktur, letztes Drittel des 17. Jahrhunderts.

Literaturhinweise

I. Jensen, Archäologie in den Quadraten. Katalog zur Ausstellung im Städt. Reiss-Museum Mannheim (1986).

A. Feulner, Frankfurter Fayencen (1935).

C. Frégnac, Europäische Fayencen (1976).

C. H. de Jonge, Delfts Aardewerk (1965).

L. v. Döry, Keramika, Frankfurt als Herstellungsort und Markt für keramische Erzeugnisse im 16. und 17. Jahrhundert. Kleine Schriften des Historischen Museums Frankfurt a. M., 9 (1978).

E. Zeh, Hanauer Fayence. Ein Beitrag zur Geschichte der deutschen Keramik. Beitr. z. Kunstgesch. Hessens u. d. Rhein-Main-Gebietes 1, 1913.

79 Pieter Brueghel d. Ä., „Kinderspiele"; Kunsthistorisches Museum Wien.

80 Miniaturgefäße und braunglasiertes Pfeifvögelchen (Höhe der Vase: 7 cm).

Kinderspielzeug

Neben zeitgenössischen Abbildungen (Abb. 79) und Schriftquellen erlaubt archäologisch geborgenes Spielzeug einen Einblick in die Welt der Kinder. Doch sind solche Funde selten, da das Spielgerät, gerade der ärmeren Bevölkerungsschichten, zumeist aus alltäglichen Materialien hergestellt wurde, die wenig dauerhaft waren. Eine Puppe zum Beispiel wurde aus Stoffresten oder einem Kochlöffel improvisiert. Aus vergänglichen organischen Rohstoffen gefertigt, blieben von derartigen Gegenständen nur unscheinbare Reste erhalten.

Das Kinderspielzeug aus den Latrinen des Kornmarkts besteht großenteils aus Keramik, zum Beispiel der Kopf eines Ritterfigürchens, ein Kreisel, ein Pfeifvögelchen und Miniaturgeschirr. Neben Tellern und Schüsseln aus glasierter und

polychromer Irdenware gibt es noch ein kleines Handschaff und eine Vase mit zwei Henkeln. Alle Kleingefäße sind Nachbildungen von Objekten des gebräuchlichen Hausrats der Erwachsenen (Abb. 80).
Im Spiel mit Puppengeschirr und Ritterfiguren ahmten die Kinder Erwachsene nach, in deren Leben sie in weit früherem Alter einbezogen wurden, als dies heute der Fall ist.

Die Ofenkacheln

Die Anlage von Raumheizungen läßt sich im Bereich des Kornmarktes nur mit den Resten von Kachelöfen (Abb. 81) erschließen. Dazu mögliche Alternativen wie Feuerstellen, Herde oder Kamine konnten im Befund nicht nachgewiesen werden. Die erhaltenen Bruchstücke belegen jedoch die durchgehende Nutzung von Kachelöfen seit dem ausgehenden 14. Jahrhundert bis an das Ende des 18. Jahrhunderts.

81 Innenraum mit Kachelofen; Splendor Solis. Sieben Traktate über den Stein der Weisen. Schule von Nürnberg, um 1531; Staatliche Museen Preußischer Kulturbesitz, Kupferstichkabinett, Berlin.

82 Gotische Ofenkacheln.

Reste einfacher Ofenkacheln finden sich bereits in den ältesten erfaßten Siedlungshorizonten des Kornmarktes. Das Auftreten von Kacheln des Typus Tannenberg (Abb. 82, links) aus dem ausgehenden 14. Jahrhundert ist insofern bemerkenswert, da sie bislang fast ausschließlich in adeligem bzw. kirchlichem Milieu nachgewiesen werden konnten.
Die Kacheln des Kornmarktes lassen sich in mehrere Gruppen unterteilen. Die ältesten Kacheln, die Becher- und Schüsselkacheln, wurden, in Entsprechung zu zeitgleicher Keramik, auf der schnell drehenden Töpferscheibe hergestellt. Die Schüsselkachel unterscheidet sich von ihrem Vorgänger durch ihren quadratisch ausgezogenen Rand. Mit der Aufwertung des Hausrates wurde auch der gotische Ofen in die allgemein wachsende Schmuckfreude einbezogen. Als idealer Bildträger entstand in der Mitte des 14. Jahrhunderts die Nischen- und Blattkachel. Die hochrechteckige Nischenkachel besteht aus einem auf der Töpferscheibe geformten Halbzylinder aus Ton. An seiner Vorderseite brachte man ein modelgepreßtes,

83 Gotische Ofenkachel mit plastisch vortretendem Kielbogen mit Vögeln.

durchbrochenes Vorsatzblatt an. In Ausnahmefällen verzierte man auch die Innenseite des Halbzylinders mit einem Relief. Aus einer Latrine konnte ein vollständig erhaltenes Stück dieser Art geborgen werden (Abb. 84). Die Öfen bestanden aus einem mit Blattkacheln belegten Feuerkasten und einem großen Oberbau aus Nischenkacheln. Nach oben schloß ein umlaufender Ring von spitz ausgezogenen Bekrönungskacheln die gesamte Konstruktion ab. Man darf in Anlehnung an die rekonstruierten Öfen auf der Burg von Buda davon ausgehen, daß der Ofenkörper in abwechselnder Folge aus gelb und grün glasierten Kacheln zusammengesetzt war. Das Fundmaterial des Kornmarktes zeigt, daß auch in Heidelberg gegen 1500 die Nischenkachel fast vollständig von der Blattkachel (Abb. 84) verdrängt wurde. Sie besitzt ein geschlossenes Vorsatzblatt. Unter Hinzunahme neuer Kachelformen, wie Gesimsen, Friesen, schmalen Leistenkacheln und Bekrönungskacheln gestaltete man den Ofen der Renaissance als selbständiges architektonisches Gebilde. Die Möglichkeit, unterschiedliche Formate innerhalb eines Ofens anbringen zu können, führte zur Entwicklung von großen Bildkacheln mit aufwendigen Bildprogrammen.

84 Kacheln des 15. und 16. Jahrhunderts.

85 Ofenkachel mir Porträtbüste des Kurfürsten Ludwig V. (1508–1544).

In der zweiten Hälfte des 16. Jahrhunderts setzte sich der gußeiserne Ofen als Raumheizung durch. Aus Gewichts- und Kostengründen wurden die meisten Plattenöfen mit einem tönernen Oberbau versehen, den man entweder braun glasiert oder mit einem Graphittonauftrag versah.

Die Kacheln mit Kurfürstendarstellungen

Von leichten Abwandlungen abgesehen bildete das kurpfälzische Wappen mit dem stehenden Löwen und dem rautierten Wappenschild seit dem ausgehenden 14. Jahrhundert bis zu der in das Jahr 1586 datierten großen Bildkachel den Hauptbestandteil des angewandten Motivschatzes. Die weithin gebräuchlichen religiösen Darstellungen fehlen vollständig. Die Wappenkacheln werden ergänzt durch eine auf das Jahr 1537 datierte Kachel mit der Halbfigur des Kurfürsten Ludwig V. (1508-1544). Die Gestaltung des Gesichtes spiegelt das Bemühen des Künstlers um eine portraithafte Darstellung des Herrschers (Abb. 85). Der Kurfürst hält als Zeichen seiner Würde den Reichsapfel und das Reichsschwert in seinen Händen. Ein Schriftband über dem Wappen mit der Inschrift OH PG bezieht sich auf den Pfalzgrafen Ottheinrich (1556-1559). Dasselbe Wappen findet sich als halbplastisch hervortretendes Relief auch auf einer schwarzbraun glasierten Kachel (Abb. 86). Eine auf das Jahr 1586 datierte Umschrift über dem Wappen nennt den HERTZOG FRI(D)ERICH (PF)AL(TZ) GRAF, Friedrich IV. (1583-1610), unter dessen Herrschaft die Kachel entstand.

Sonderstücke

In der gleichen Zeit schuf man sogenannte Tapetenöfen. Die Oberfläche der Einzelkachel wurde dabei durch randlose, immer wiederkehrende geometrische und pflanzliche Motive gestaltet. Versetzt über- und nebeneinander angeordnet ergab sich so eine endlose Ornamentenfolge, deren Motivschatz der Stoff- oder Ledertapete angeglichen war. Die meisten Tapetenöfen hatten eine rechteckige Grundform. Auf dem Kornmarkt fanden sich jedoch auch konkav gewölbte Kacheln mit Granatapfelmuster, die sich zu einem zylindrischen Oberofen zusammensetzten lassen.

Bemerkenswert sind die Reste eines farbig glasierten Ofens. Leider wurde er bei einer Brandkatastrophe durch starke Hitzeeinwirkung weitgehend vernichtet. Dennoch kann zumindest der Ofenoberbau mit Hilfe einer vollständig erhaltenen Eckkachel mit Vasendekor, sowie durch die Reste einer großen Bildkachel rekonstruiert werden. Die Wahl der Glasurfarben sowie die feine detaillierte Ausführung von Einzelformen sprechen für die Zuweisung zu einer Kölner Werkstätte des ausgehenden 16. Jahrhunderts. Von dem gleichen Ofen stammt ein tönerner Ofenfuß (Abb. 87). Er besteht aus einem Flußgeschiebestein, auf den ein Tonrelief aufgebracht wurde. Ein Gegenstück dazu befindet sich in Speyer.

86 Kachel mit Jahreszahl 1586.

87 Säule aus dem Oberofen in Form einer Herme und Ofenfuß mit Rollwerkdekor.

Die Herkunft der Kacheln

Die meisten Ofenkacheln aus dem Kornmarkt dürften vor Ort hergestellt worden sein. Zeitgenössische Schriftquellen belegen zwar keine Werkstätten, wohl aber die Rolle Heidelbergs als wichtigen Umschlagplatz für Ofenkeramik. So schickte man im Jahre 1475 einen Erbacher Hafner zum Ankauf geeigneter Kacheln für das Erbacher Schloß eigens nach Heidelberg. Reste eines farbig glasierten Ofens, sowie eine Kachel mit einer Orgelspielerin können bedeutenden Werkstätten in Köln und Speyer zugewiesen werden.

89 Ofenkachel mit Orgelspielerin (Personifikation der Musica).

88 Kupferstich der Musica aus der Serie der Sieben Freien Künste; H. S. Beham, 1539; Kunstsammlungen der Veste Coburg, Kupferstichkabinett.

Die Kachel mit der Orgelspielerin

Am Beispiel der Kachel mit der Darstellung einer Orgelspielerin (Abb. 89) zeigt sich, daß die genaue Betrachtung des Einzelstückes durchaus weitreichende Aussagen über Alter, Herkunft und die Einbindung des Tonreliefs in die zeitgleiche Bild- und Geisteswelt ermöglicht.

Das Kachelfragment besteht aus weiß brennendem Ton, auf den eine hellgrüne Glasur aufgetragen wurde. Das Bildfeld wird seitlich von zwei kannelierten Säulen mit korinthischen Kapitellen gerahmt. Über ihnen spannt sich ein mit Rankenwerk geschmückter Rundbogen. In den oberen Zwickeln sitzen posauneblasende Putten. Im Zentrum der Darstellung steht eine nach links gewandte weibliche Figur. Sie ist mit einer kurzen Tunika bekleidet. Im Haar trägt sie einen Lorbeerkranz. Die im Halbprofil wiedergegebene Frau scheint in das Spielen einer Tischorgel vertieft zu sein. Das in Schrägansicht dargestellte Musikinstrument steht auf einem Podest. Darüber befindet sich die Tastatur und eine Reihe verschieden großer Orgelpfeifen.

Bei der Darstellung handelt es sich um die Verkörperung einer der sieben freien Künste: Grammatik, Dialektik, Rhetorik, Arithmetik, Musik, Geometrie und Astrologie. Auf dem Heidelberger Stück wird die Musik wiedergegeben. Allegorien waren in der deutschen Renaissance im Sinne eines humanistischen Bildungsideals besonders beliebte Bildthemen. Dementsprechend zahl- und variantenreich sind auch die Vorlageblätter. Als direkte Vorlage der Kachel vom Kornmarkt diente die im Jahre 1539 geschaffene Kupferstichfolge von Hans Sebald Beham (1500-1550). Demnach trug die weibliche Figur auf ihrem Rücken Flügel, deren Ansätz sich nur noch erahnen lassen (Abb. 88). Neben ihren Füßen lagen noch eine Laute und ein Köcher für eine Flöte. Eine farbig glasierte Kachel mit demselben Motiv kann über seine Rahmenform einer Kölner Werkstätte aus der Mitte des 16. Jahrhunderts zugewiesen werden. Die Heidelberger Kachel wurde jedoch im benachbarten Speyer angefertigt. Über die Rahmenform läßt sie sich mit Hilfe eines Modelfundes in der Großen Greiffengasse in Speyer eindeutig der dort ansässigen Werkstätte zuweisen. Von der gegen 1561 angefertigten Serie der sieben freien Künste haben sich im Historischen Museum der Pfalz nur vier Model erhalten. Doch zeigt der Vergleich mit der Matrize für die Rethorik deutliche Übereinstimmungen in der Formgebung der Figur. Über das am Kornmarkt gefundene Kachelfragment gelingt somit nicht nur der Nachweis von Kachelimporten aus dem benachbarten Speyer. Es fand sich auch ein weiteres Belegstück für den Formenreichtum der überregional bekannten Renaissancehafnerei in der Großen Greiffengasse.

H. R.

Literaturhinweise

R. Franz, Der Kachelofen. Forsch. und Ber. des Kunsthist. Inst. der Univ. Graz 1 (1981^{2}).

S. Appuhn-Radtke, E. Kaiser, Keramik. In: Die Renaissance im deutschen Südwesten, Ausstellung des Bad. Landesmus. Karlsruhe im Heidelberger Schloß 1986, Bd. 2, 845ff.

H-P. Mielke, Zur Typologie und Datierung gotischer Nischenkacheln mit Mainzer Rad. Mainzer Zeitschr. 71/72, 1976/77, 150ff.

E. Schallmeyer, Spätmittelalterliche und neuzeitliche Brunnenfunde aus Rödermark-Ober-Roden, Krs. Offenbach a. M. Stadt und Kreis Offenbach a. M., N. F. 7, 1976, 29ff.

I. Unger, Kölner Ofenkacheln (1988).

Die Holzgefäße

Das Material Holz spielte im alltäglichen Leben der Menschen im Mittelalter und der Neuzeit eine große Rolle, wie man den Schrift- und Bildquellen jener Zeit entnehmen kann. Besonders deutlich macht dies die Menge an Holzfunden selbst, die bei vielen Stadtkerngrabungen in ganz Europa zutage kamen. Berücksichtigt man, daß sich Holz nur unter besonderen Bedingungen erhält und daß unbrauchbar gewordene Gegenstände zum Heizen verwendet werden konnten, so muß die ursprünglich vorhandene Menge der Holzobjekte sehr viel größer gewesen sein, als es sich in den Funden aus einer archäologischen Grabung widerspiegelt.

Die Gefäße aus diesem Material lassen sich im wesentlichen gemäß der Herstellungstechniken in geböttcherte, gedrechselte und geschnitzte Typen unterteilen.

Geböttcherte Daubengefäße werden aus sechs bis acht Brettchen hergestellt, die um einen abgeschrägten Boden angeordnet werden und durch Nuten, Weidenringe und Dichtungssubstanzen zusammengehalten werden. Die am Kornmarkt gefundenen Gefäßteile weisen bei einer Daubenhöhe von 15-18 cm und einem Bodendurchmesser von ca. 20 cm auf größere Gefäße hin, konnten aber bis jetzt noch nicht zusammengesetzt und rekonstruiert werden.

Bei den gedrechselten Objekten fanden sich ausschließlich kleine Schalen (Abb. 90a). Sie haben eine leicht konische Form mit nach innen ziehenden Rändern. Einige von ihnen erhielten durch je eine brei-

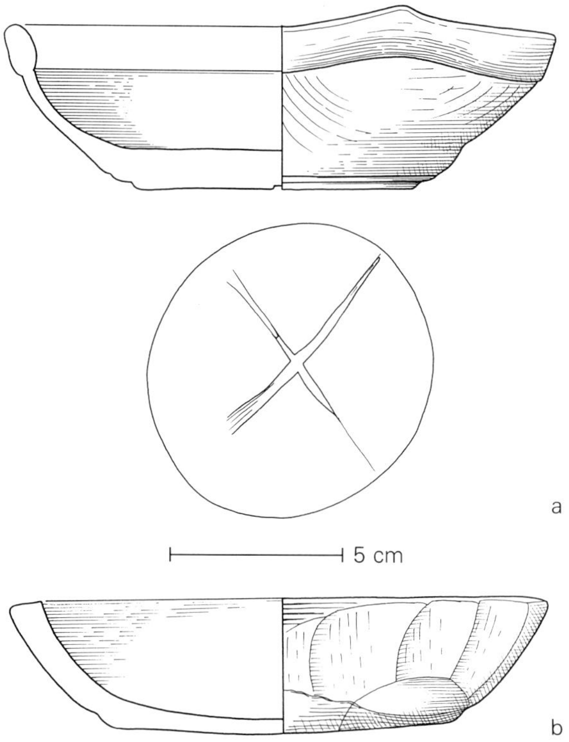

90 Holzgefäße; a) Gedrechselte Schale mit Bodenmarke, b) außen gebeilte, innen gedrechselte Schale.

91 Holzobjekt mit durch pyramidenförmige Bossen gegliederter Oberfläche.

tere Drehrille einen sichtbar abgesetzten Rand. Sie besitzen zum Teil Marken am Boden, die geschnitzt oder auch eingebrannt sein können (Abb. 90a). Sie werden als Hersteller- oder Besitzermarken interpretiert, wobei letzteres zwar an anderen Orten bestätigt werden konnte (Würzburg; Burg Friedberg/ Schweiz), für Heidelberg aber noch nicht überprüft ist.

Die innen gedrehten und außen gebeilten Schalen kommen ebenfalls im Fundspektrum vor (Abb. 90b). Dabei wird die äußere Wandung durch eine Reihe von groben Schnitten in die gewünschte Form gebracht und der Standboden durch einen Schnitt quer zur Wandung hergestellt. Dieser wurde nicht immer sehr sorgfältig ausgeführt, so daß einige Gefäße keine sichere Standfläche haben.

Eine Besonderheit stellt ein Holzobjekt von zylindrischer Form dar. Seine Oberfläche ist durch geschnitzte Pyramidenreihen gegliedert (Abb. 91). Bis jetzt gibt es für dieses Exemplar kein Vergleichsstück, wodurch eine Datierung und eine Funktionsansprache zur Zeit nicht möglich sind.

Die Untersuchungen des umfangreichen Materials aus Lübeck und Amsterdam haben ergeben, daß sich dort das Aussehen der Holzgefäßtypen im Laufe der Jahre nur wenig verändert, wohl weil es sich um funktionale Formen handelt. Jedoch läßt sich feststellen, daß die Häufigkeit der Daubengefäße zum 15. Jahrhundert hin abnimmt, wie dies auch für die gedrechselten Schalen zuzutreffen scheint. Sie wurden durch Metall- und glasierte Keramikgefäße weitgehend verdrängt. Derartige Aussagen zum Gebrauch und Verwendungszeiten von Holzgefäßen können für Heidelberg beim aktuellen Forschungsstand noch nicht getroffen werden.

Anhand des Fundkontextes läßt sich von der 1. Hälfte des 15. Jahrhunderts bis zum 17. Jahrhundert der Gebrauch von Holzgefäßen am Kornmarkt nachweisen. A. J.

Literaturhinweise

F. Müller, Die Burgstelle Meilen am Zürichsee. Zeitschr. Arch. MA. 9, 1981, 50ff.

W. Neugebauer, Arbeiten der Böttcher und Drechsler aus den mittelalterlichen Bodenfunden der Hansestadt Lübeck. Rotterdam Papers II, 1975, 117ff.

Der Heidelberger Glasfund

Aus den Latrinen, die zum mittelalterlichen Spital und den Bürgerhäusern gehörten, wurde ein einzigartiges Material geborgen. Das Fundspektrum reicht vom späten 14. Jahrhundert bis zum Ende des 17. Jahrhunderts. In mühevoller Kleinarbeit gelang es, aus vielen Tausenden von Scherben Hunderte von Gefäßen aus Keramik und Glas zusammenzusetzen und zu restaurieren. Die Menge und Qualität vor allem der Gläser machen die Fundkomplexe aus den Kornmarkt-Latrinen zu den spektakulärsten, die jemals in Süddeutschland entdeckt wurden. Für die Erforschung des mittelalterlichen und neuzeitlichen Hohlglases kommt dem Heidelberger Glasbestand überregionale Bedeutung zu. Hier liegt nun erstmals eine lückenlose, mehr als drei Jahrhunderte umfassende Fundsequenz vor. Aussehen und Gebrauch von Hohlglas, insbesondere der Tisch- und Luxusgläser, folgen modischen Einflüssen; sie wechseln schneller als die zeitgleichen Gebrauchskeramiken. Gläser erweisen sich als chronologisch empfindliche Fundgruppe, die bestehende, oft an Keramik gewonnene Datierungsansätze ergänzen und präzisieren kann.

„Das Glas ist ein überaus angenehmes Geschirr..." (Wolf Helmhard von Hohberg, 1682)

Den Ergebnissen der Stadtkernarchäologie ist es zu verdanken, daß sich das Bild von Glasbesitz und Glasgebrauch im späten Mittelalter und in der Neuzeit grundlegend korrigieren ließ. Gemäß der älteren, aber immer noch gängigen Forschungsmeinung stellen Gläser bis weit in die Neuzeit hinein Luxusartikel dar, die nur in Kreisen des Adels, der klerikalen und patrizischen Oberschichten verwendet wurden. Heute darf man davon ausgehen, daß Gebrauchsglas wohl schon im 14. Jahrhundert, spätestens aber an der Wende zum 15. Jahrhundert in den Städten geläufiges Sachgut war. Es sind vor allem Flaschen und einfache Becherformen, die als Massenware zum „gläsernen" Alltag gehörten. Wirklich einzigartige Stücke konnten sich nur wenige Wohlhabende, in Heidelberg etwa der Patrizier Ezechias Fettich, in größerem Umfang leisten (vgl. S. 137f.). Der Apotheker und Bürgermeister besaß singuläre Kelche und Pokale, die wohl eigens auf Bestellung angefertigt wurden. Sie waren so zart und zerbrechlich, daß sie ihren Platz eher im Schau- und Kuriositätenschrank des Hausherrn, denn auf seinem täglichen Speisetisch hatten (vgl. Abb. 148). Nicht Glasbesitz an sich kann als Anzeiger für die finanzielle und die oft damit verbundene hohe soziale Stellung der Eigentümer gewertet werden, sondern wieviele und welche Gläser (Sonderanfertigungen, Importe) ein Haushalt sich leisten konnte. Die Funde vom Heidelberger Kornmarkt belegen augenfällig die zwei Seiten der Glaskultur vom späten 14. bis zum späten 17. Jahrhundert: Gläser sind sowohl Gebrauchs- wie Prestigeobjekte!

Optisch geblasene Becher des Mittelalters

Bei kaum einem mittelalterlichen Glasgefäß, ausgenommen einige einfache Flaschenformen, bleibt die Wandung unverziert. Um Gläser mit aufgeschmolzenen Glastropfen (Nuppen) anzufertigen, sind mehrere Arbeitsschritte und eine beträchtliche Geschicklichkeit der Glasbläser erforderlich. Für die Fertigung möglichst vieler, billiger (!) und dennoch verzierter Trinkbecher ist diese Technik weniger geeignet.
Die in großen Mengen gefundenen optisch gemusterten Becher aus grünem Waldglas (Abb. 92 und

92 Optisch geblasene Becher des Mittelalters, 15. bis 1. Hälfte 16. Jahrhundert.

93 Optisch geblasene Becher dienten vor allem als Weingläser; Meister des Hausbuchs, Das Abendmahl, um 1475; Staatliche Museen Berlin-Gemäldegalerie im Bodemuseum.

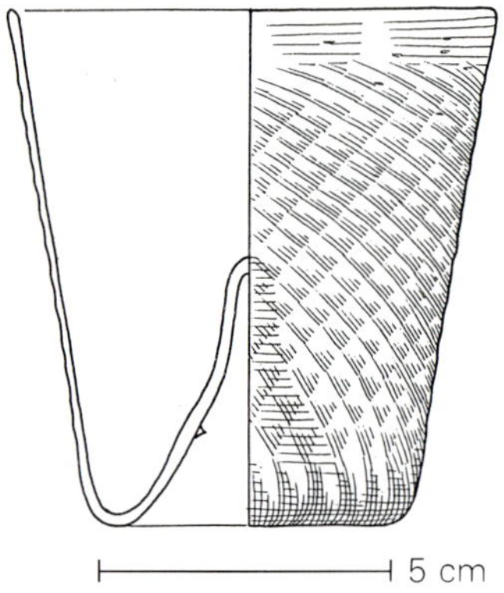

94 Optisch geblasener Becher mit Heftmarkenrest und hochgestochenem Boden.

93) dagegen waren einfach herzustellen. Der Glasbläser nimmt dazu aus dem im Ofen stehenden Schmelzhafen mit der Glasmacherpfeife (einem langen Metallrohr mit Holzgriff und Mundstück) einen kleinen Posten weiche, heiße Glasmasse auf und bläst daraus eine kleine Glasblase. Die leicht aufgetriebene Blase wird in eine einteilige Hohlform (Model) eingebracht, die aus Holz, Ton oder Metall besteht. Die Glasblase legt sich an die Modelwand an und übernimmt das Muster. Der nun mit Riefen, Kreuzrippen oder geperltem Dekor versehene Glaskörper erhält nach dem Herausnehmen aus der Hohlform mit Hilfe spezieller Werkzeuge seine endgültige Gestalt. Um das fast fertige Gefäß von der Glaspfeife zu trennen, wird mit einem kleinen Glastropfen an der entgegengesetzten Seite der Glasblase das Hefteisen befestigt. Nun kann die Pfeife mit der Blasenkappe abgesprengt und der Becherrand geweitet und verrundet werden. Ein acht- oder zehnkantiger Gefäßquerschnitt, wie ihn einige optisch geblasene Gläser vom Kornmarkt zeigen, wird erzielt, wenn der Glasbläser in den noch formbaren runden Becher ein mehrkantiges Innenmodel einstößt. Solche Kernmodel zeigen oft Brandspuren an den Kanten, wo sie Kontakt mit der heißen Glasmasse hatten. Im Zentrum der Unterseite bleibt nach den Absprengungen das Glases vom Hefteisen ein scharfkantiger Glasrest zurück, die Heftmarke (Abb. 94). Um einen glatten

95 Becherformen der 2. Hälfte 16. und des 17. Jahrhunderts.

96 *Aus diesen Glasbechern wurde, den zeitgenössischen Abbildungen nach zu schließen, vor allem Bier getrunken. Pieter Claesz, Fisch-Stilleben, 1636; Museum Boymans – van Beuningen, Rotterdam.*

Boden und den sicheren Stand des Gefäßes zu erreichen, drückte man den Boden nach innen hoch. Die frühen Becherformen der ersten Hälfte des 15.Jahrhundert haben nur schwach eingewölbte Böden. Die der jüngeren sind dagegen zum Teil extrem hoch eingestochen. Der Dorn kann bei ihnen bis zu zwei Drittel der Gesamthöhe des Bechers erreichen.

Becher der 2. Hälfte des 16. und des 17. Jahrhunderts

Um die Mitte des 16. Jahrhunderts wird ein grundlegender Wandel im Typenspektrum der Trinkbecher faßbar. Die gotischen Formen des Nuppenglases und die optisch geblasenen Becher aus grünem Waldglas verschwinden. Unter dem Eindruck der venezianischen Erfindung des „cristallo", einer kristallklaren hochfeinen Glasmasse, versuchen auch deutsche Glashütten farblose Gläser herzustellen. Die für die Bereitung der Schmelzmasse verwendeten heimischen Quarzsande besitzen aber einen natürlichen Eisenanteil, der eine grüne bis gelbgrüne Tönung des Glases bewirkt. Die zarten Pastellfarben vieler Gläser sind auf eine nicht ganz gelungene Entfärbung zurückzuführen, die man durch Zugabe etwa von Braunstein (MnO_2, die sog. Glasmacherseife) anstrebte. Verwirbelte, verschwommene Muster, wie sie auf den optisch geblasenen Bechern des 15. und frühen 16. Jahrhunderts so geläufig waren, sind nun nicht mehr zu finden. Stattdessen zieren die Wandung der modelgeblasenen Becher runde, ovale, selbst pyramidenartig geformte Erhebungen. Querriefen, Quadermuster und Netzdekor werden beliebt (Abb. 95). Daneben treten erstmals in größerem Umfang glattwandige Becher auf (Abb. 95). Für den sicheren Stand der Trinkgeschirre garantiert nicht mehr allein der hochgewölbte Boden: zusätzlich

97 *Nuppengläser des späten 14. bis 1. Hälfte 16. Jahrhundert: Schaffhauser Becher, frühe Krautstrünke, klassische Krautstrünke und Stangenglas.*

99 *Konische und zylindrische Becher und Stangengläser mit Nuppenbesatz.*

98 *Krautstrunk auf hohem Girlandenfuß.*

kommen nun eingestülpte Füße, umgelegte einfache oder mehrfach gewickelte Glasfäden und massive blaue oder hohle Füßchen als Standhilfen vor (Abb. 95). Während aus den älteren optisch geblasenen Bechern, den zeitgenössischen Abbildungen nach zu urteilen, Wein genossen wurde (Abb. 93), trank man aus den modelgeblasenen und glattwandigen Bechern im späten 16. und 17. Jahrhundert bevorzugt Bier (Abb. 96).

Nuppengläser

Die Technik, Gläser mit aufgeschmolzenen Glastropfen (Nuppen) zu verzieren, war im Mittelalter, der Renaissance und auch noch im Barock sehr beliebt. Bei den Nuppengläsern des 15. und der ersten Hälfte des 16. Jahrhunderts handelt es sich, anders als bei den zeitgleichen optisch geblasenen Bechern, nicht um eine Massenware. Sie standen als besseres Trinkgeschirr auf dem Tisch. Das älteste nuppenbesetzte Glas vom Heidelberger Kornmarkt stammt aus der untersten Verfüllung einer Latrine, deren Bau dendrochronologisch in die Jahre 1399/1400 datiert werden kann. Dieser hellblaugrüne Schaffhauser Becher (Abb. 97) spiegelt als ein später Vertreter der Gruppe noch die Charakteristika der kleinnuppigen Trinkbecher mit Zackenfuß des 13. und 14. Jahrhunderts wider. Zu Beginn des 15. Jahrhunderts entwikeln sich aus ihnen die ersten Nuppengläser, die als frühe Krautstrünke (Abb. 97) bezeichnet werden können. Der überlieferte Name Krautstrunk (Abb. 97 und 98) gehört zu den wenigen, die sich sicher mit einer Glasform verbinden lassen. Er beschreibt das typische Aussehen des Bechers, der mit seinen aufgesetzten, nach oben ausgezogenen Nuppen in der Tat an den entblätterten Strunk eines Kohlkopfes erinnert. Im Gegensatz zu der gedrungenen bauchigen Form des klassischen Krautstrunkes der zweiten

101 Großer Römer mit Beerennuppen; Georg Flegel, Stilleben mit Römer und Pfeife, datiert zwischen 1625 und 1635; Historisches Museum Frankfurt a. M.

100 Berkemeier und Römer des 16. und 17. Jahrhunderts.

102 Holzscheuern aus der Latrine des Augustiner-Eremiten-Klosters Freiburg i. Br.; LDA Freiburg.

Hälfte des 15. und des frühen 16. Jahrhunderts steht die hohe schlanke Gestalt der zeitgleichen Stangengläser (Abb. 97). Die bis zu 30 cm großen Humpen dienten sowohl dem einzelnen als auch mehreren Zechern beim gemeinsamen Umtrunk.
Seit dem ausgehenden 15. Jahrhundert treten neben Krautstrünken und Stangengläsern mit gerundeter Lippe auch konische und zylindrische Becher und Stangengläser (Abb. 99) auf, die mit aufgeschmolzenen Glastropfen geschmückt sind. In den konischen Nuppengläsern dürften die Vorformen der Berkemeier und Römer (Abb. 100) zu sehen sein. Die beliebten Weingläser mit konischer, eiförmiger oder kugeliger Mündungszone erscheinen auf zahlreichen Stilleben des 16. und 17. Jahrhunderts. Die Nuppen sind meist einfach spitz oder zur Seite hin abgezogen, bei einigen Römergläsern aber auch durch einen Stempel zu Beerennuppen (Abb. 101) geformt. Während die Bierbecher fast ausnahmslos aus entfärbter Glasmasse geblasen wurden, bevorzugte man bei den nuppenbesetzten Weingläsern weiterhin die grüne Farbe: „In disen landen [hat man] gemeingklich zum weyn grüne gleser gemacht/ darin ein rebe rechter plancke weyn/ sehr schön und lieblich steht/ und dem weyn ein lüstige farbe gibt." (Johann Mathesius, Sarepta oder Bergpostill, 1562).

Sonderformen (1400 – Mitte 16. Jahrhundert)

Als Scheuern oder Köpfe bezeichnet man tassenartige Trinkgefäße des Mittelalters und der Renaissance. Es handelt sich bei ihnen nicht nur um eine typische Glasform. Häufig waren sie nämlich auch aus Wurzelholz (Abb. 102), Keramik oder Metall (Abb. 103), besonders prachtvolle Stücke sogar aus Bergkristall gefertigt. Bei den gläsernen Scheuern folgt auf den gedrückt-kugeligen Gefäßkörper eine mehr oder weniger abgesetzte steile Mündung. Die seitlich angebrachte Handhabe ist bei den frühen Exemplaren des 13. und 14. Jahrhunderts in der Regel als Ösengriff gebildet, während sie bei den Scheuern des 15. und 16. Jahrhunderts als nach oben gebogener Grifflappen geformt ist.
Ein eindrucksvolles Beispiel der Glasmacherkunst des späten 14.Jahrhunderts repräsentiert die seltene Scheuer mit Rippendekor aus hauchfeinem, farblosem Glas (Abb. 104). Wie es für die Gläser dieses Zeitabschnittes charakteristisch ist, betont den Rand ein dunkelblauer Glasfaden. Entgegen der älteren Forschungsmeinung wird heute für diese Gläser eine italienische (venezianische) Herkunft nicht mehr angenommen. Man geht inzwischen davon aus, daß sie aus der Produktion einheimischer Glashütten stammen. Die beiden dunkelgrünen Scheuern besitzen

103 Lingenfelder Schatzfund mit silberner Doppelscheuer; Hist. Museum der Pfalz, Speyer.

104 Farblose Scheuer mit blauem Randfaden, spätes 14. Jahrhundert und grüne Scheuer mit Wechselmuster, 1. Hälfte 16. Jahrhundert.

105 Becher mit Wechselmuster und Becher mit Wickelfadenfuß.

mit modelgeblasenem Wechselmuster (Abb. 104) und aufgeschmolzenen Nuppen typische Zierelemente der 1. Hälfte des 16. Jahrhunderts. Die kleinen modelgeblasenen Becher mit Wechselmuster (Abb. 105) stehen in der Tradition der optisch geblasenen Becher des späten Mittelalters. Der Dekor aus alternierenden Rauten- und Rippenfeldern in zwei Registern übereinander verbindet die Gefäße mit den zylindrischen Bechern mit Wickelfadenfuß. Niedrige Becher mit Wickelfadenfuß (Abb. 105) kommen in zahlreichen Varianten vor. Sie können glattwandig (Abb. 106) oder mit Nuppenauflagen und Halsfaden verziert sein oder aber modelgeblasene Rippen und Netzmuster aufweisen.

Gläser des 15. und der 1. Hälfte des 16. Jahrhunderts sind nahezu ausnahmslos aus dem sog. grünen Waldglas geblasen. Andere Farben treten selten auf, und zwar lediglich bei Sonderstücken. Nur zwei siegellackrote undurchsichtige Gläser fanden sich in

106 *Glattwandiger Becher mit Wickelfadenfuß.*

den Kornmarkt-Latrinen. Bei dem beutelförmigen Gefäß mit modelgeblasenem Rautendekor handelt es sich um einen Trinkbecher, dessen keramische Vorbilder als Kreusen (Abb. 107) bezeichnet werden. Das verlorene Unterteil einer glatten roten Schale dürfte als Girlandenfuß gestaltet gewesen sein. In dem gesamten umfangreichen Fundmaterial des Kornmarktes sind importierte Gläser selten. Erzeugnisse aus der florierenden Produktion Venedigs und anderer norditalienischer Städte im 15. und in der 1. Hälfte des 16. Jahrhunderts fehlen völlig. Dagegen kamen in Heidelberg erstmals Gläser französischen

◁ **107** *Rotopake Kreuse und Kreuse aus Keramik.*

108 *Importierte Becher und Kelchgläser mit Stülpfuß.*

109 *Optisch geblasenes Stangenglas mit Deckel, großer honigfarbener Becher und Keulenglas.*

Ursprungs zutage. Die Becher und Kelchgläser mit eingestülptem Fuß (Abb. 108) haben in Form und Herstellungstechnik ihre besten Entsprechungen in Funden aus Châlons-sur-Marne, Metz und Paris.
Zu dem modelgeblasenen Stangenglas (Abb. 109) gehört ein Deckel, der Fliegen und andere Insekten von dem im Mittelalter oft gewürzten und gesüßten Getränk fernhielt. Gleich dem zarten Keulenglas (Abb. 109) wird die Wandung auch bei diesem Stück durch ein einfaches Schrägriefenmuster belebt. Der große honigfarbene Becher (Abb. 109) schließlich findet eine hervorragende Parallele in dem Glas, das

110 *Großes Becherglas; Lucas Cranach d. Ä., Die Bezahlung, Detail, datiert 1532; Nationalmuseum Stockholm.*

111 Diamantgerissener Deckelpokal, emailbemaltes Stangenglas mit Datierung „1592" und Fadenglas.

auf einem 1532 entstandenen Gemälde der Cranach-Werkstatt (Abb. 110) wiedergegeben ist.

Sonderformen der 2. Hälfte des 16. und des 17. Jahrhunderts

Obwohl in Museen und Sammlungen häufig reiche Emailglasbestände verwahrt werden, gehören solche Gläser zu den äußerst seltenen Bodenfunden. Die 30,2 cm hohe Emailglasstange (Abb. 111) mit angesetztem Glockenfuß zeigt als zentrales Bildmotiv einen in Dreiviertelrückenansicht wiedergegebenen Mann in sonderbarer Kleidung. An Gewand, Hut und zwei auf seinen Schultern ruhenden Stecken sind Fuchsschwänze angebunden. Vermutlich handelt es sich um einen Fuchsschwanzverkäufer. Fuchsschwänze galten als Symbol für Falschheit und Betrug, wurden aber auch als erotische Anspielung verstanden. Die begleitenden Spruchbänder sind leider nur noch in Ansätzen vorhanden, dafür erhielt sich erfreulicherweise die datierende Jahresangabe „1592" in voller Länge!

Um die Mitte des 16. Jahrhunderts findet die Technik, Glasgefäße durch Diamantriß zu ornamentieren, Eingang in die venezianische Glaskunst. Die Herkunftsbestimmung des diamantgeritzten Deckelpokals (Abb. 111) vom Kornmarkt erweist sich als sehr schwierig. Dies gilt aber für fast alle Formen, die „à la façon de Venise", d. h. nach venezianischer Art, gestaltet sind. Sie wurden nicht nur in Venedig, sondern auch überall dort produziert, wo ausgewanderte italienische Glasmacher Hütten betrieben, etwa in Hall/Tirol, Innsbruck, Kassel, Antwerpen oder London.

Die Fadengläser (Abb. 111) haben ebenfalls venezianische Vorbilder. Sie werden hergestellt, indem farbloses Glas in eine mit weiß-opaken Glasstäbchen aus-

112 Weingefülltes Kelchglas mit Deckel; Georg Flegel, Großes Schauessen, Detail; Alte Pinakothek München.

gelegte Form eingeblasen wird. Die Stäbchen haften außen an der Blase und werden nach dem Herausnehmen aus der Form durch Abrollen auf der Werkplatte in die Oberfläche eingearbeitet. In weiteren Arbeitsschritten erhält das Gefäß seine endgültige Gestalt. Tiefblaue Gläser sind mit wenigen Stücken schon in den Fundkomplexen der 1. Hälfte des 16. Jahrhunderts vertreten. Die meisten aber gehören, wie Kreuse (vgl. Abb. 148) und Teller (vgl. Abb. 146) dem ausgehenden 16. und dem 17.Jahrhundert an.

Kelchgläser

Weingläser auf hohem Fuß oder Stiel (Abb. 112) kamen in der 2. Hälfte des 16. Jahrhunderts in Mode. Einige Kelche und Pokale sind als prachtvolle Einzelstücke gearbeitet, die bislang ohne Parallele blieben (vgl. Abb. 148). Die Mehrzahl der Kelchgläser (Abb. 113) aber hat man in großen Mengen hergestellt und verkauft. Der Formenvielfalt sind kaum Grenzen gesetzt. Allein der Stiel kann einfach oder mit kugelförmigen Verdickungen gebildet sein. Oder der hohle Teil zwischen Kelchkuppa und Scheibenfuß bleibt glatt, wird mit einem Model gerippt oder gar mit einer Löwenmaske versehen. Der komplizierte Stiel der Flügelgläser à la façon de Venise (Abb. 114) setzt sich aus mehreren verschiedenfarbigen Glasstäbchen zusammen. Das Stabbündel wird um die eigene Achse gedreht (tordiert) und auf einer flachen Arbeitsplatte zur endgültigen Gestalt geschlungen. Die blauen Aufsätze verdanken ihre Verzierung dem Gebrauch einer Waffelzange.

Flaschen

Die doppelkonische oder gestauchte Flasche (Abb. 115) wird aus einer Glasblase hergestellt, die mit Hilfe eines Models und durch Stauchen und Drücken ihre bizarre Gestalt erhält. Für den heutigen Betrachter ist es kaum vorstellbar, daß dies der geläufigste Flaschentyp des deutschen Mittelalters war. Die ältesten Exemplare im deutschen Sprachraum stammen

113 Kelchgläser.

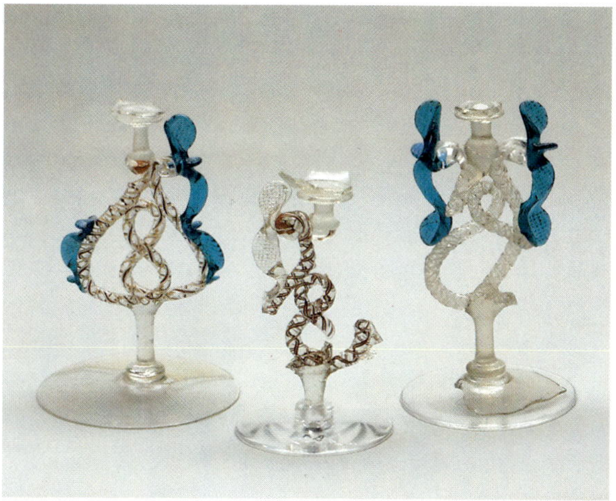

114 Flügelgläser à la façon de Venise.

115 Doppelkonische Flaschen.

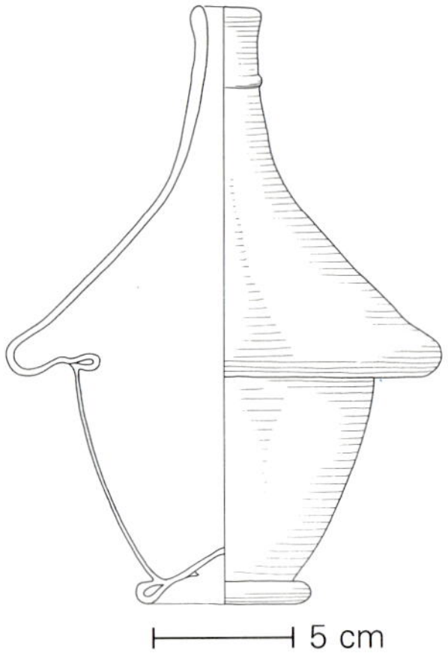

116 Schnittzeichnung durch eine doppelkonische Flasche. Deutlich zu erkennen ist der innere Stauchungsring.

aus dem 13. Jahrhundert. Bis zum Beginn des 16. Jahrhunderts bleibt die doppelkonische Flasche die Flasche schlechthin. Im Verlaufe dieses Jahrhunderts nimmt ihr Anteil immer mehr ab, ohne daß sie jedoch ganz verschwindet. Neueste Funde aus der im 30jährigen Krieg zerstörten Spessartglashütte des Hans Ziroff (1627-1631) und aus der Verfüllung des Apothekenbrunnens vom Kornmarkt belegen ihr Fortleben bis in die ersten Jahrzehnte des 17. Jahrhunderts.

Eine nicht gerade qualitätvolle, oft mit Verunreinigungen durchsetzte Glasmasse, Exemplare mit Herstellungsfehlern und schiefe Stücke, die von einer nachlässigen Fertigung zeugen, vor allem aber die großen aus den Latrinen geborgenen Mengen weisen die doppelkonischen Flaschen als Massenprodukte aus. Die Wandung einer Flasche ist üblicherweise an der Stelle ihres größten Umfanges am dünnsten und deshalb besonders bruchanfällig. Bei der doppelkonischen Flasche ist diese Zone aufgrund der speziellen Fertigungstechnik relativ dickwandig und durch den eingestülpten Stauchungsring (Abb. 116) im Innern des Gefäßkörpers zusätzlich gesichert. Mit der doppelkonischen Flasche wollte der Glasbläser kein formschönes Objekt schaffen, son-

dern schnell eine große Zahl von möglichst bruchsicheren Verpackungsbehältern für Wein und „gebrante wasser" bereitstellen.
Außer den in Massen produzierten doppelkonischen Flaschen dienten zahlreiche weitere Formen der Aufbewahrung und Bevorratung von Weinen und Ölen, Spirituosen und anderen Destillaten. Die heute gewohnte schmale Flaschengestalt ist im Mittelalter unbekannt. Besonders ansprechend wirken die sog. birnförmigen Flaschen, die meist mit einem Stülpfuß versehen sind (Abb. 117). In wenigen Fällen wurde der Boden auch nur einfach hochgewölbt. Birnförmige Flaschen sind sehr viel sorgfältiger gearbeitet als die zeitgleichen doppelkonischen. Einige Exemplare sind sogar aus einer bewußt tiefdunkelgrünen Glasmasse geblasen, sei es aus ästhetischen Gründen oder um den Inhalt vor Verderb zu schützen. Die Größenunterschiede innerhalb des Typs sind beträchtlich: das größte Exemplar aus den Kornmarkt-Latrinen ist 30 cm hoch, das kleinste mißt gerade 7 cm ! Der Grundform nach verwandt mit diesen Flaschen sind zwei Exemplare mit einem vier- bzw. fünfröhrigen Hals (Abb. 118). Die beiden Stücke sind die ersten ihrer Art, die in Süddeutschland gefunden wurden.
Flaschen mit kugeligem Körper und bauchige Flaschen (Abb. 117) treten mengenmäßig hinter die vorgenannten Gruppen zurück. Als neue Formen finden sich in der 2. Hälfte des 16. und dem 17. Jahrhundert zylindrische und vier-, seltener auch mehrkantige Flaschen. In den Fläschchen mit geringerem Volumen wurden Arzneien und Gewürze zum Verkauf verpackt. Eine Reihe von bauchigen Flaschen ist mit einem einfach oder doppelt gewickelten Standfaden versehen. Einen Glücksfall für den Archäologen stellt eine solche mittelgroße dunkelgrüne Flasche dar: das hervorragend erhaltene Stück wurde völlig unversehrt aus der Latrine geborgen (Abb. 117).

Trinkflaschen und Schenkgefäße

Neben schlichten Gebrauchsformen wie den doppelkonischen, birnförmigen und bauchigen Flaschen er-

117 Birnförmige Flaschen und bauchige Flaschen.

118 Flaschen mit mehrzügigem Hals.

119 Schenk- und Trinkflaschen: Kuttrolfe, Kännchen und Plattkännchen, Pilgerflasche.

120 Karikatur eines Arztes, dessen Körperformen dem Umriß eines Kuttrolfes angeglichen sind; Einblattholzschnitt von Hans Weiditz, „Der Arzt und sein Assistent", 1. Hälfte 16. Jahrhundert; Foto-Marburg.

scheinen eine Vielzahl aufwendig gestalteter Trink- und Schenkflaschen. Sie fanden hauptsächlich bei Tisch, auf der festlich gedeckten Tafel Verwendung. Die alten Namen für die meisten mittelalterlichen und neuzeitlichen Gläser sind vergessen. Kuttrolf und Angster (Abb. 119) sind von der Glasforschung eingeengte Bezeichnungen für die Trink- und Schenkflaschen mit kugeligem Körper, langem ein- oder mehrröhrigem Hals und meist schalenartig gebildeter Mündung (Abb. 120). Beide Begriffe sind im Mittelalter wohl nicht nur für eine bestimmte Glasform gebräuchlich gewesen. Vielmehr scheint es sich um Synonyme für Gefäße gehandelt zu haben, die heute unter dem Sammelnamen „Flasche" zusammengefaßt werden.

Die gläsernen Pilgerflaschen (Abb. 119) gehörten gewiß nicht zur Ausrüstung der Gläubigen, die nach Rom, Santiago de Compostela oder Jerusalem unterwegs waren. Dazu waren die fragilen Gefäße völlig ungeeignet. Der Verwendungszweck der Flaschen ist bisher noch nicht geklärt. Einen Hinweis könnte eine besondere Gruppe von Pilgerflaschen liefern, die auf der Vorderseite eine aufgesetzte teilweise hohle Christus-Figur trägt. Wenn das Gefäß gefüllt war, befand sich bei diesen Corpus-Christi-Flaschen Wein im Leib der Figur. So versinnbildlichten sie das Abendmahlswunder, bei welchem Wein in das Blut des Heilands verwandelt wird. Die Vermutung liegt nahe, daß diese Schenkbehälter im privaten religiösen Leben an der Schwelle vom Mittelalter zur Neuzeit eine Rolle spielten. Ob das auch für die Pilgerflaschen ohne Christusfigur galt, oder ob es sich bei ihnen einfach um Flaschen des Tischgebrauchs handelte, muß offen bleiben. Die seltenen bauchigen Kännchen (Abb. 119) besaßen ursprünglich einen geschwungenen Ausguß, der bei allen drei Heidelberger Exemplaren verloren ist. Ausgesprochene Raritäten sind auch das fast vollständig erhaltene hellgrüne Plattkännchen (Abb. 119) und das Fragment eines modelgeblasenen Kruges. Wohl als Scherzgefäß wurde das kleine Fäßchen aus hellbläulichgrüner Masse (Abb. 121) gefertigt. Die modelgeblasenen Rippen imitieren die Dauben eines hölzernen Fasses, die gekerbten Glasfäden ahmen die Faßreifen nach. Die einzige Öffnung bildet eine kleine gebogene Tülle in der Gefäßmitte, durch welche das Fäßchen gefüllt werden konnte, und aus der man einschenkte oder trank.

121 Das „Kleine Heidelberger Faß".

Das „Kleine Heidelberger Faß" wurde aus der Verfüllung der Latrine des Giebelhauses geborgen und läßt sich aufgrund der Fundlage in die Zeit vor 1500 datieren. Damit dürfte es sich bei diesem außergewöhnlichen Glasgefäß einst wohl um den stolzen Besitz eines Spitalinsassen gehandelt haben.

Ch. P-G.

Literaturhinweise

E. Baumgartner, I. Krueger, Phoenix aus Sand und Asche: Glas des Mittelalters. Ausstellungskatalog Bonn/Basel (1988).

F. A. Dreier, Venezianische Gläser und „Façon de Venise". Kataloge des Kunstgewerbemuseums Berlin (1989).

F. Rademacher, Die deutschen Gläser des Mittelalters (1933).

A. v. Saldern, German enameled glass (1965).

A travers le verre du moyen-age à la renaissance. Ausstellungskatalog Rouen (1989).

Konservierung und Restaurierung von Glas

1. Schadensbilder

Glas des Mittelalters stellt ein chemisch und klimabedingt instabiles System dar und unterliegt Zersetzungsprozessen. Als sprödes Material und durch den Herstellungsprozeß Spannungen unterworfen, neigt Glas zu Sprung- und Scherbenbildung.

Stehen die drei notwendigen Grundstoffe der Glasmasse

- Quarz (Siliziumdioxid) als glasbildende Substanz
- Alkali als Flußmittel
- Kalk als Stabilisator

nicht in richtigem Verhältnis, kann es zu unterschiedlichen Schadensbildern kommen.

Die folgenden Korrosionsformen können gleichzeitig an einem Objekt auftreten:

- Oberflächenrißverwitterung
  ein feines Netz von Rissen durchzieht die Glasoberfläche (Abb. 122)

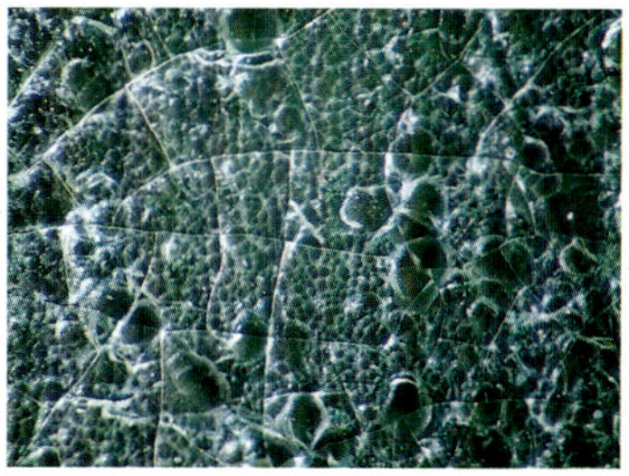

122 Oberflächenrißverwitterung.

123 Tiefenrißverwitterung.

124 *Lamellenverwitterung.*

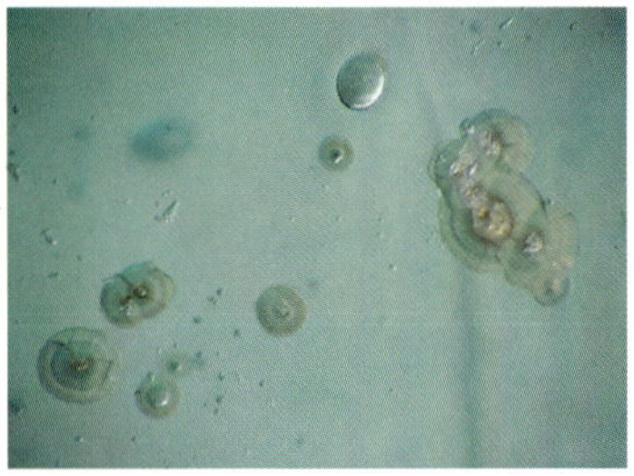

125 *Ringverwitterung.*

126 *Fleckverwitterung.*

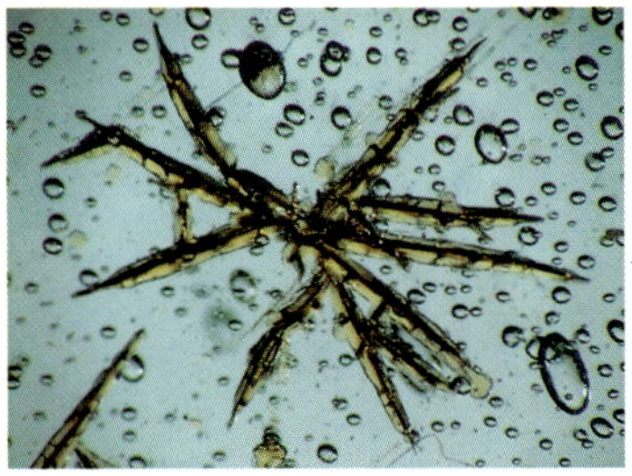

127 *Sternverwitterung.*

- Tiefenrißverwitterung
  tiefe Risse durchdringen die Glaswandung bis zum totalen Zerfall des Objektes (Abb. 123)
- Lamellenverwitterung
  sehr dünne, schuppenartig abblätternde Glasschichten, parallel zur Oberfläche gelagert (Abb. 124)
- Ringverwitterung
  von einem Punkt ausgehendes System von Ringen, sich in der Breite wie in der Tiefe ausbreitend (Abb. 125)
- Fleckenverwitterung
  bräunliche Flecken kristalliner Struktur, mit fingerartigen Auswüchsen tief in das Glas vordringend (Abb. 126)
- Sternverwitterung
  strahlenförmige, gelbbraune Auswüchse, von der Glasoberfläche in die Tiefe wachsend (Abb. 127).

Als frühes Stadium der Korrosion zeigt sich an der Glasoberfläche eine wasserhaltige Gelschicht, Produkt der Verbindung von ungebundenen, überschüssigen Alkalien der Glasmasse mit Wasser aus der Atmosphäre. Diese Gelschicht gilt als Ursache für Dehnungs- und Schrumpfungsprozesse, denen Gläser, je nach Grad der Hydratisierung (aufgrund klimatischer Schwankungen) ausgesetzt sind und in der Folge zu den genannten Verwitterungsformen führen kann. Durch permanente Auswaschung der Alkalien bei Gläsern aus Bodenfunden kann sich die schillernde Iris als sichtbares Zeichen der Verwitterung bilden. Das Irisieren wird durch unterschiedliche Brechung des Lichtes an den geschädigten Glasschichten hervorgerufen.

2. Schadensbehandlung

2. 1.Reinigung

Nach der Reinigung der geborgenen Glasobjekte auf trockenem Weg können verbleibende Erd- und Schmutzablagerungen mit Lösungsmitteln entfernt werden.

2. 2. Festigung

Das Ziel der Konsolidierung der geschädigten Partien liegt im Binden der fragilen Schichten an die intakte Glassubstanz. Folgende Anforderungen werden an das Festigungsmittel gestellt:
- Reversibilität des Überzuges
- gute Haftung des Überzuges auf Glas
- chemische und physikalische Beständigkeit.

2. 3. Klebung

Nach dem Zusammensetzen und Fixieren der Scherben mit Haftstreifen erfolgt die Klebung mittels eines Zweikomponentenkunstharzes. Die kapillaren Kräfte der Fugen bewirken ein Eindringen des dünnflüssigen Klebers bis in feine Sprünge (Infiltrationsklebung); damit kann die Lichtreflexion vermindert und somit eine fast völlige Transparenz der Nahtstellen erreicht werden. Wichtige Kriterien bei der Wahl des Klebematerials sind neben der geringen Viskosität hohe Festigkeit und Beständigkeit der Transparenz (Abb. 128b).

2. 4. Ergänzungsvarianten

Mit der Ergänzung von fehlenden Partien im Glas geht die konservierende Behandlung des Objektes, zum Schutz vor weiterem Verfall, in einen rekonstruierenden, subjektiveren Eingriff in das Objekt über (Abb. 128c und d). Da jede Rekonstruktion eine Verfälschung der kulturgeschichtlichen Aussage des Objektes nach sich ziehen kann, und jede langwierige, wenn auch sorgfältige Bearbeitung eine Gefährdung der originalen Glassubstanz bedeutet, ist der Umfang der Ergänzung im Bereich von zwei grundsätzlichen Varianten abzuwägen:
- die partielle Ergänzung zur Sicherung der Stabilität des Glases
- die umfangreiche Ergänzung zur vollständigen Rekonstruktion des Glases.

Zur Herstellung von Ergänzungen kann folgendermaßen verfahren werden: modellierte, am Glas angebrachte Negativformen umschließen die zu ergänzende Fehlstelle in der Glaswandung. In diesen Hohlraum wird entsprechend der Glasfarbe eingetöntes Ergänzungsmaterial gegossen. Die ausgehärtete Ergänzung erhält durch Schliff und Politur glasähnliches Aussehen. Neben gießbaren können auch starre, profilierte Kunststoffe, die nach ihrer Bearbeitung am Glas montiert werden, die Ergänzung bilden (Abb. 128e und f).

2. 5.Aufbewahrungsbedingungen

Ein kontinuierliches Raumklima ist von großer Bedeutung für die Erhaltung von mittelalterlichen Glasobjekten. Eine relative Luftfeuchte von 45 – 55% und eine Temperatur von 18 – 20 °C werden als ideal angesehen.

Inwieweit die Zersetzungsprozesse konservierter mittelalterlicher Gläser unter klimatisch idealen Bedingungen aufgehalten werden können, das heißt inwieweit ihr Zustand als stabil bezeichnet werden kann, müssen zukünftige Untersuchungen erweisen.

I. B. / S. B. / H-J. R.

Technische Hinweise

Lösemittel: Alkohol, Aceton, Wundbenzin; keine Laugen und Säuren; Aqua dest. in Ausnahmefällen.
Festigungsmittel: Acrylharz Paraloid B 72 (9% in Toluol gelöst) im Unterdruckverfahren.
Klebemittel: Epoxidharze (Araldit XW 396/397 und HXTAL NYL-1).
Ergänzungsmaterialien: Methacrylatharze (Technovit 4004, Plastogen G), Polyesterharze (Palatal 927, Oldopal L 9233) und profiliertes Acrylglas (Plexiglas).

Restaurierungsarbeiten

Isabel Böhmer, M. A., Simone Bretz, Hans-Jörg Ranz.

128a Glas während der Klebung Fotoseite.

b nach der Klebung.

c während des Ergänzungsprozesses.

d nach der Restaurierung.

e Acrylglas Stützkonstruktion.

f Stützkonstruktion mit montiertem Glasfragment.

Literaturhinweise

H. Kühn, Erhaltung und Pflege von Kunstwerken und Antiquitäten, 2 (1981) 266ff. u. 375ff.

R. Newton, S. Davison, Conservation of Glas (1989).

H. Scholze, Was ist Glas ? In: Glück und Glas. Ausstellungskatalog Lohr (1984), 127ff.

R. Wihr, Restaurieren von Keramik und Glas (1977), 150ff.

Kochen, Essen, Trinken

Vorläufige Ergebnisse der paläobotanischen und osteologischen Untersuchungen

Paläobotanische und osteologische Untersuchungen von Latrineninhalten gewähren wichtige Aufschlüsse zur allgemeinen Ernährungsgrundlage, aber auch zum Lebensstandard der einstigen Benutzer. Lassen sich etwa Reste von seltenen, teuren Spezereien und importierten Delikatessen identifizieren, darf man annehmen, daß hier vermögende Menschen lebten, denen kostspielige Leckereien erschwinglich waren. Allerdings wird in den Latrinensedimenten nur ein Ausschnitt der einst verwendeten Lebensmittel erfaßt. Einer botanischen Bestimmung entziehen sich all jene Nahrungsmittel, deren Samen und Blatteile bei der Speisebereitung zerstört werden, also zum Beispiel alle Getreidesorten, die man zu Mehl verarbeitete, sowie alle pulverisierten Gewürze.

Die Osteologie beschäftigt sich mit der Bestimmung der Tierknochen und, im Rahmen der Auswertung von Funden aus Haushaltslatrinen, mit Art und Umfang des Fleischkonsums. Für die soziale Einordnung der Benutzer spielen dabei die Menge und die Artenzusammensetzung der gefundenen Knochen eine Rolle. Die Reste von Wildbret und Geflügel im häuslichen Abfall können auf eine hohe Stellung der Verbraucher hinweisen, da diese Fleischsorten als „Herrenspeise" galten. Dagegen sind so wichtige Lieferanten von tierischen Proteinen wie Milchprodukte, allen voran Käse, nicht nachzuweisen, obwohl sie oft zu den täglich genossenen Speisen gehörten. Die tierischen und pflanzlichen Reste in den Latrinen auf dem Kornmarkt bilden die Basis für eine Teilrekonstruktion des Speisezettels der Spitalinsassen und Bürger, die durch vergleichende Studien anhand von anderen Grabungsbefunden, erhaltenen Kochbüchern, Verpflegungs- und Einkaufslisten vervollständigt werden muß.

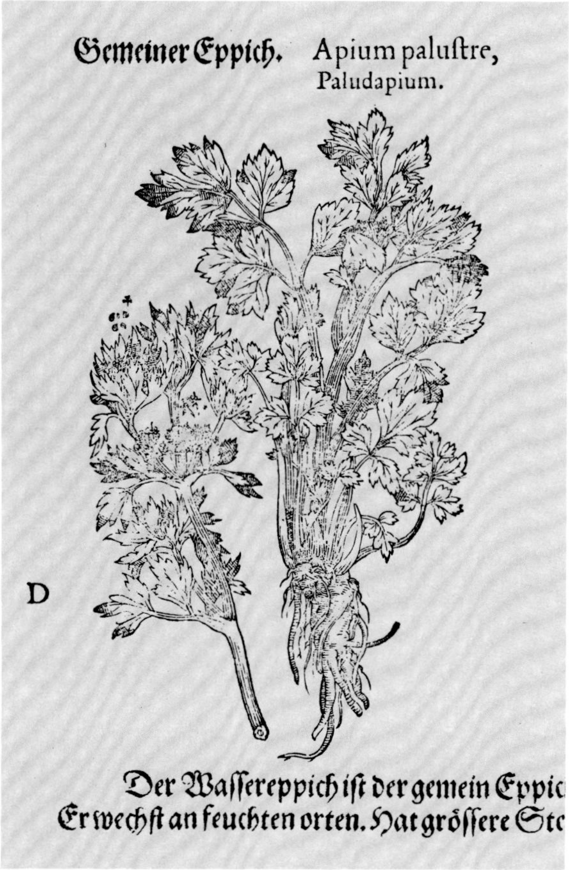

129 Sellerie; Holzschnitt aus dem „Kreutterbuch deß Hochgelehrten und weltberühmten Herrn D. Petri Andreae Mattiolo...." von Joachim Camerarius, 1586; Bayer. Staatsbibl. München.

Nahrungspflanzenreste

An Getreide sind lediglich Reis, Rispenhirse und ein einziges Roggenkorn nachgewiesen. Reis wurde als teures Importgut hauptsächlich für süße Breie und Nachspeisen verwendet. In Europa kultivierte man Reis im Mittelalter in Spanien und Süditalien. Rispenhirse war nicht als Brotgetreide geeignet, sondern

130 Keramikschüsseln mit nachgewiesenen Gewürzpflanzen: frischer Kümmel, Basilikum, Bohnenkraut und Petersilie, Wacholderbeeren, Samen von Kümmel, Fenchel und Koriander.

wurde zu Breigerichten verarbeitet. Während man Hirse und Reis häufig in ganzen Körnern zubereitete, wurden die übrigen Getreidearten wie Weizen, Roggen, Dinkel usw. vor dem Kochen oder Backen zermahlen. Daher finden sich in den Latrinen nur selten identifizierbare Reste, zum Beispiel Spelzen. Samen der Kornrade (Roggenrose), eines Ackerunkrautes, das nur auf Kornfeldern gedeiht, zeigen den Anbau der üblichen Getreidesorten an.

An Kernobst sind Äpfel, Birnen und Quitten, an Steinobst Zwetschgen, Süß- und Sauerkirschen und Aprikosen nachgewiesen. Die Aprikose, auch „Pflaume von Damaskus" genannt, gelangte während der Kreuzzüge erstmals nach West- und Mitteleuropa. Noch im 16. und 17. Jahrhundert gehörte sie nördlich der Alpen zu den seltenen Importfrüchten, die man aus Italien und andern mittelmeerischen Ländern bezog. Darüberhinaus fanden sich Samen von Erd- und Heidelbeeren, Himbeeeren und schwarzem Holunder, die als Wildformen vorliegen. Aufschlußreich ist die Beobachtung, daß die gesammelten Wildfrüchte mengenmäßig hinter den kultivierten Obstarten zurückstehen. Trauben- wie auch Kirschkerne lagen dicht zusammengepreßt in regelrechten „Nestern". Möglicherweise handelt es sich hierbei um Rückstände aus der Saftgewinnung. Eingedickter Kirschsaft ergab mit Wein vermischt den beliebten „Kirschtrank". Bei den Samenkapseln von Feigen konnte bislang noch nicht endgültig geklärt werden, ob es sich um solche von importierten oder von einheimischen Früchten handelte. Auch heute wachsen in Heidelberger Gärten Feigenbäume, die wohlschmeckende und saftige Früchte tragen. Die Verpflegungsordnung der Mendelschen Zwölfbrüderstiftung in Nürnberg (Ende 14./Anfang 15. Jahrhundert) belegt, daß Feigen u.a. auch als Fastenspeise dienten.

Frisches Obst und Gemüse wurden im Mittelalter kaum ungegart gegessen, weil man den Verzehr von rohen Früchten für gesundheitsschädlich hielt. Die gängigen Gemüsearten wie Kohl, Zwiebeln und Hülsenfrüchte zerkochte man oft vollkommen, so daß in den Latrinen keine Spuren von ihnen zu finden sind. Neben Sellerie (Abb. 129) und Rüben treten heute nahezu vergessene Blattgemüse wie großblättriger Ampfer und die bis zu 1,8 m hoch wachsende Gartenmelde auf.

Um ihr volles Aroma zu entfalten, wurden die meisten Gewürze gerieben, zermahlen, gestoßen oder pulverisiert an die Speisen gegeben. So lassen sich gerade hochgeschätzte und für viele Gerichte verwendete exotische Gewürze wie Pfeffer, Zimt, Ingwer, Kardamom, Muskatnuß und -blüte durch paläobotanische Untersuchung in Heidelberg bislang nicht belegen. Eindeutig waren dagegen nicht oder kaum zerkleinerte einheimische Würzpflanzen wie Dill und Dost, Kümmel und Koriander, Fenchel, Hopfen und Wachholder, Bohnenkraut, Petersilie und Basilikum zu bestimmen (Abb. 130). Den Schachtelhalm mit seinen harten Pflanzenfasern setzte man in der Küche als Topf- und Pfannenreiniger ein.

Tierknochen

Die umfangreichen Untersuchungen zum Tierknochenmaterial aus den Latrinen vom Kornmarkt sind noch nicht abgeschlossen. Die bei einer ersten Durchsicht festgestellten Knochenreste von Rind, Schwein, Schaf/Ziege und Geflügel, aber auch Schuppen und Gräten von Süß- und Salzwasserfischen dokumentieren einen variationsreichen Speisezettel.

M. B. / Ch. P-G.

Literaturhinweise

Die Zusammenfassung beruht auf den vorläufigen Ergebnissen von Dr. K. Zenner, Heidelberg (Paläobotanik) und Dr. M. Kokabi, LDA (Osteologie).

U. Körber-Grohne, Nutzpflanzen in Deutschland (1987).

M. Bopp, K. Zenner, Speisereste in den Ausgrabungen am Heidelberger Kornmarkt. Ruperto Carola 79, 1989, 5ff.

Kochbücher

Nur wenige Handschriften, die Kochrezepte enthalten, sind aus dem Spätmittelalter bekannt. Zu ihnen zählt, als ältestes Kochbuch in deutscher Sprache, „Daz buoch von guoter spise" (um 1340/50). Seit dem Ende des 15. Jahrhunderts wurde, vor allem in Süddeutschland, eine ganze Reihe von Kochbüchern veröffentlicht, für die offenbar ein nicht zu unterschätzender Bedarf bestand. Die seit der Erfindung des Buchdrucks einsetzende rapide Vermehrung des Wissens auf zahlreichen Gebieten in Wissenschaft und Technik schloß auch die Kochkunst mit ein.

Die Medizin lehrte unter Berufung auf die berühmtesten Ärzte der Antike, Hippokrates und Galen, die enge Verbindung von Ernährung und Heilkunde. So war es für den Koch nützlich, die medizinische Wirkung seiner Speisen auf die Gesundheit der Tischgenossen zu kennen. Marx Rumpolt, der ehemalige Leibkoch des Erzbischofs von Mainz, weist in seinem 1586 erschienenen „Ein new Kochbuch..." die Köche eigens darauf hin, daß sie nicht „Fürsten und Herren / auch andern gemeinen Leuten jr Leben unnd gute Gesundtheit abstelen / und zu derselbigen Mörder werden..."

Autoren dieser Kochbücher waren Mediziner, Heilkundige und wie Rumpolt vor allem Köche, die ihr Handwerk an den Höfen der Fürsten gelernt hatten. Gedacht waren sie in erster Linie als Lehrbücher. Nicht wenige dieser Rezeptsammlungen erzielten hohe Auflagen, manche wurden plagiiert, so daß sie sicherlich auch in den Haushalten von wohlhabenden, gebildeten Bürgern zu finden waren. Da nicht

die Alltagsküche, sondern Festspeisen erläutert wurden, ermöglichten es diese Kochbücher dem reichen Stadtbürger, adlige Lebensart auf dem Gebiet der Kochkultur nachzuahmen.
Hauptsächlich wurde die Zubereitung von Fleischgerichten beschrieben, während Rezepte für Gemüse, Brei, Suppen und Salate dahinter zurücktraten. Die reichliche Verwendung von Gewürzen, die den Eigengeschmack der übrigen Zutaten völlig überdeckten, hob das Ansehen des Gastgebers, der damit zeigte, daß er sich die teuren Würzmittel leisten konnte. Auch der medizinische Aspekt darf nicht unterbewertet werden, denn Gewürze wurden vielfach als Heilmittel und zur Vorbeugung gegen Krankheiten angewendet.
Im Vergleich zur heutigen Küche fällt die lange Kochzeit auf, bei der das „Zugemüs", das heißt Getreidebrei und Gemüse, aber auch Fleisch „zu Mus" gekocht und anschließend häufig noch püriert wurden. Diese Zubereitungsweise zeigt, daß auch in der herrschaftlichen Küche das Volksnahrungsmittel Brei durchaus seinen Platz hatte.
Weniger gut bekannt als die Zubereitung der Festspeisen ist die Alltagsküche, besonders die der ärmeren Bevölkerungsschichten, da Rezepte und Zubereitung mündlich weitergegeben und in der täglichen Anschauung gelernt wurden. Breie, Milchprodukte, Eier, Suppen und Brot bildeten die Grundnahrungsmittel. Die Häufigkeit des Fleischkonsums war abhängig vom Vermögen. Doch auch bei den Reichen stand nicht jeden Tag eine Festmahlzeit, wie sie die Rezeptsammlungen nennen, auf dem Tisch.
Rezept von Marx Rumpolt für ein Zugemüs mit Erbsen: Nim neuwe Erbeß / oder Schoten / quell sie ein wenig in Wasser mit den Huelsen / kuel sie wieder auß / und schneid ein Speck fein duenn / leg ihn in ein Pfannen / und roest in ein wenig / thu darnach die Erbeß darunter / un roeßt sie auch mit / geuß ein Rindtfleisch oder Hennenbrueh darzu / thu ein wenig Ingwer und Pfeffer darein / laß darmit eynsieden / daß ein kurtze Brueh gewinnet / so wirt es gut und wolgeschmack.

M. B.

Literaturhinweise

M. Rumpolt, Ein new Kochbuch (1581).

B. Staindl, Ein sehr künstlichs und nutzlichs Kochbuch (1575).

Küche und Speisezubereitung um 1600

Seit dem Hochmittelalter war die Küche im süddeutschen Bürgerhaus ein separater Raum. Wichtigster Einbau war der Herd, ein in unterschiedlicher Höhe an der Wand oder in einer Ecke aufgemauerter Sokkel, auf dem das offene Herdfeuer brannte. Die Feuerstelle konnte auch ebenerdig sein. Den beißenden Rauch fing ein Abzug, der Feuerhut, ein und leitete ihn in den Kamin. Auf einer Hackbank oder einem Tisch wurden die Speisen vorbereitet. Töpfe, Schüsseln, Pfannen und Siebe standen auf offenen Borden oder hingen an der Wand. Falls sich keine Speise-

131 Küchenszene, Umzeichnung nach Balthasar Staindl, 1575. Diese herrschaftliche Küche dürfte, wenn auch in größerem Maßstab (Größe des Raumes, Menge des Personals) einen Eindruck vermitteln, wie eine frühneuzeitliche Küche in bürgerlichen Haushalten ausgesehen hat. Das keramische Inventar ist koloriert.

132 Was sich in reichen Haushalten des Kornmarkts an Küchengerät aus Metall befunden haben könnte, zeigt das Stilleben von Cornelis Jacobsz Delff, Ende 16. Jahrhundert; Musée Sandelin, Saint-Omer.

kammer in unmittelbarer Nähe der Küche befand, diente ein einfacher Schrank zur Lagerung von Gewürzen und Vorräten für den kurzfristigen Bedarf (Abb. 131).

Speisezubereitung und Kochen mit Keramikgefäßen

Die Heidelberger Befunde geben für den „Lebensbereich Küche" nur Aufschlüsse über irdenes und hölzernes Geschirr, nicht aber über Einbauten oder Gerätschaften aus Metall. Kessel, Pfannen, Töpfe, Bratspieße und Feuerböcke konnten eingeschmolzen und zu neuen Objekten verarbeitet werden (Abb. 132). Da Keramik für eine Vielzahl von Tätigkeiten bei der Speisevorbereitung (Abb. 133), beim Kochen (Abb. 134), Backen und in der Vorratshaltung verwendet wurde, ist es durchaus möglich, das Leben in einer frühneuzeitlichen Küche zu großen Teilen wieder erstehen zu lassen. Die verschiedenen Funktionen sind zum einen aus den Gebrauchsspuren auf vielen Gefäßen zu erschließen, zum anderen aus zeitgleichen Kochbüchern, Stichen und Gemälden.

Als einziges einer Kücheneinrichtung zuweisbares Metallobjekt ist ein Fragment einer Hängevorrichtung erhalten, an der die Metallkessel direkt über das Herdfeuer gehängt werden konnten.

Die zahlreichen hohen, schlanken Henkeltöpfe aus glasierter Irdenware standen um das Feuer herum und nahmen die seitliche Wärmeabstrahlung auf. Dies läßt sich aus den Rußablagerungen auf der Außenseite der Wandung der Gefäße erkennen. Sie befinden sich immer auf der dem Henkel gegenüberliegenden Seite. Dieser wurde vom Feuer weggedreht,

133 Speisenzubereitung mit Keramikgefäßen.

134 *Kochen am Herdfeuer mit Keramikgefäßen.*

wenn der Topf erwärmt wurde. Die bei der relativ geringen Hitze lange köchelnden Breie und Muse mußten oft umgerührt werden, damit nichts anbrannte. Für schnellere Garzeiten benutzte man Dreibeingefäße (Abb. 134), die direkt über glühende Kohlen oder Holzscheite gestellt wurden. Die Schmauchspuren befinden sich immer auf ihrer Unterseite. Bauchige Dreibeintöpfe eigneten sich für Suppen oder Breie, während man in Pfannen vorwiegend Eierspeisen oder Speck briet. Diese Schmor- und Bratgefäße waren oft mit einem Rohrgriff versehen, in den man einen hölzernen Stab stecken konnte, um sich bei der Handhabung nicht die Finger zu verbrennen. Für eine bessere Wärmenutzung sorgten konische Deckel, die auf der Innenkehlung des Gefäßrandes auflagen (Abb. 134) oder Stülpdeckel, die den Rand außen umschlossen.

Fleisch wurde am Spieß langsam vor dem Feuer gegart. Ein Fettfänger (Abb. 135) sammelte das abtropfende Fett, mit dem der Braten immer wieder begossen wurde. War die Feuerstelle ebenerdig, konnte es leicht geschehen, daß jemand „ins Fettnäpfchen trat" (Abb. 136). Zur Verfeinerung der Konsistenz des fertig gekochten „Zugemüs" wurde es durch ein Sieb, den Durchschlag, gestrichen, der aus Metall oder Irdenware bestehen konnte und häufig noch mit einem Leinentuch ausgelegt war. Dreibeinsiebgefäße waren besonders zur Verarbeitung von Milchprodukten geeignet. In ein solches Käsesieb wurde geronnene Milch gegeben, der Inhalt gepreßt und die Molke vom Quark getrennt (Abb. 138).

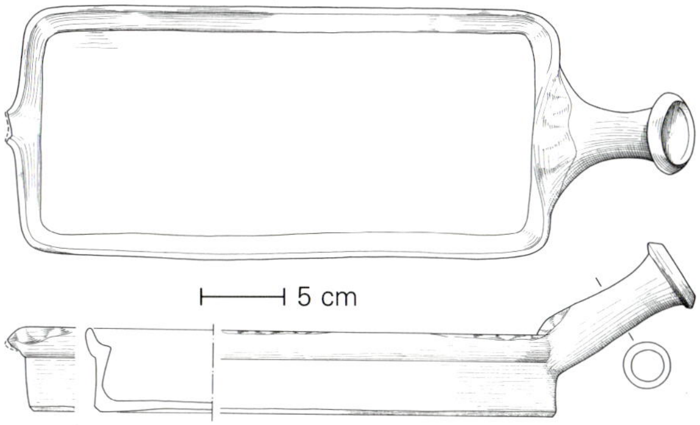

135 *Fettfänger aus gelb glasierter Irdenware.*

Regelrechte Mehrzweckgefäße waren die zahlreichen Schüsseln aller Größen. Sie wurden bei der Vorbereitung der Mahlzeiten verwendet, konnten aber auch auf dem Eßtisch stehen (Abb. 133).
Einige der größeren bleiglasierten Henkeltöpfe wiesen keine Schmauchspuren auf, mit ihnen wurde also nicht gekocht. Offenbar dienten sie als Vorratsgefäße. Trockene Nahrungsmittel wie Dörrobst, Hülsenfrüchte, Mehl und Eier konnten in ihnen gelagert werden (Abb. 133). Säurehaltige Flüssigkeiten dagegen, zum Beispiel Sauerkonserven (in Essig eingelegtes Obst und Gemüse, Sauerkraut) hätten die Glasur angelöst und giftiges Blei aufgenommen. Für derartige Vorräte standen Holzgefäße oder aber die säurefesten und wasserundurchlässigen Steinzeugtöpfe zur Verfügung. Erst im späten 19. Jahrhundert wurde Keramik als Vorratsbehältnis vom Einmachglas und der Konservendose abgelöst.
Während Tafelgeschirr oft reich verziert war, blieb Küchenkeramik bis über die Mitte des 16. Jahrhunderts hinaus weitgehend schlicht und schmucklos. Erst die beidseitig grün und gelb glasierte Irdenware, die seit dem Ende des 16. Jahrhunderts bei der Zubereitung wie auf dem Eßtisch Verwendung fand, zeigt, daß nun auch dekorative Elemente bei der Auswahl des Kücheninventars mitbestimmend waren. M.B.

136 Küchenszene. Unter dem Bratspieß stehen Fettfänger; Flandern, Ende 16. Jahrhundert; Musée des Beaux Arts, Lille.

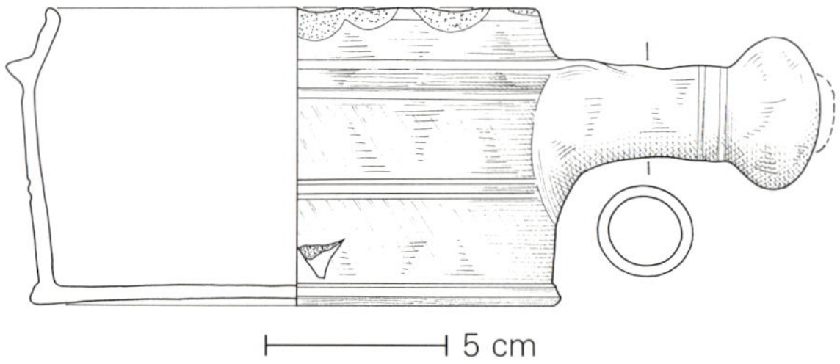

137 Von unten zu erhitzende Gefäße mit Standboden wie die Kasserolle wurden auf einem eisernen Dreifuß über die Glut gestellt.

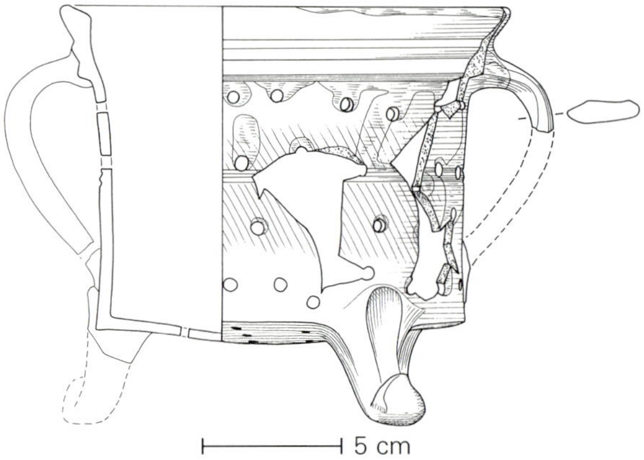

138 Dreibeinsiebgefäß zur Quarkherstellung.

Literaturhinweise

G. Benker, In alten Küchen. Einrichtung, Gerät, Kochkunst (1987).

I. Bitsch u. a., Essen und Trinken in Mittelalter und Neuzeit (1987).

Die Lübecker Küche. Museum für Kunst und Kulturgeschichte der Hansestadt (1985).

...so die Speise aufftragen (Marx Rumpolt, 1581)

Tischgeschirr

Das Aussehen des gedeckten Tisches ändert sich im Laufe der Zeiten. Neue Speisegewohnheiten, höhere Ansprüche an Tafelluxus und Tischzier spiegeln sich in der Zusammensetzung der Gefäße und Gerätschaften wider. Den täglichen Getreidebrei, das Grundnahrungsmittel für alle Stände bis in die Neuzeit, löffelte man aus Holz- und Tonschüsseln. Fische, Braten und Geflügel wurden auf großen Vorlegeplatten und -schalen angerichtet, von denen sich jeder bedienen konnte (Abb. 139). Besonders geschätzten Gästen legte der Hausherr selber vor.

139 Ein schöne Tischzucht; Holzschnitt von Abraham Bach; Staatsbibl. Bamberg.

140 Tischgeschirrsatz der 1. Hälfte des 15. Jahrhunderts.

Damit von den flachen hölzernen Schneidebrettchen nicht der Fleischsaft oder die Soße auf das Tischtuch herabtropfte, empfing und zerteilte man die Fleischstücke auf einer dazwischengelegten Brotscheibe, dem sog. Tellerbrot, welches die Flüssigkeit aufsog. Seit dem späten Mittelalter fanden Zinnteller Eingang in das Tischgeschirr. Der Heidelberger Teller (Abb. 145) stammt allerdings erst aus dem 17. Jahrhundert. Aufwendige Speisefolgen, mehrgängige Gerichte verlangten einen besonderen Geschirrsatz, um die Gaumenfreuden angemessen zu präsentieren. Daher verdrängten im ausgehenden 16. Jahrhundert farbig glasierte Keramikschüsseln und -teller (Abb. 144) in zunehmendem Maße die einfachen Holzgefäße (Abb. 140 und 142).

Erstmals weisen Geschirrensembles eindeutig einen Servicecharakter auf: alle Teile sind mit einer vereinheitlichenden grün- gelben Glasur dekoriert. Der Gefäßsatz besteht aus Tellern und Schüsseln unterschiedlicher Größe, Doppelhenkelschüsseln, die an Körbchen erinnern und der Darreichung von Obst oder Feingebäck dienten, sowie einer Schale mit zugehörigem Deckel. Passend dazu wurden auch

141 Trinkgefäße aus Glas und Keramik, 1. Hälfte 16. Jahrhundert (Höhe des Stangenglases 23 cm).

breite, gedrungene Henkeltöpfe, Krüge und als ein auffallendes Sonderstück eine Tasse gefertigt. Wohl nicht auf den Tisch, sondern eher in die Küche gehörte eine Kasserole, die in gleicher Weise verziert war. Zu Beginn des 15. Jahrhunderts benutzte man schlichte Krüge aus reduzierend gebrannter Irdenware (Abb. 140) als Schenkgefäße. Ihre Zahl nahm in den folgenden Jahrzehnten immer mehr ab. Im ausgehenden 15. und 16. Jahrhundert bevorzugte man Deckelkannen aus Zinn, die man wie die Teller aus dem gleichen Metall auf Regalen und Borden als Prestigeobjekte zur Schau stellte. Wegen ihres Materialwertes wurden sie, wenn sie beschädigt und damit unbrauchbar waren, in der Regel eingeschmolzen. Sie gelangten daher nicht in die Latrinen. Tönerne Krugformen aus grün- gelb glasierter Irdenware und prächtige Steinzeugkrüge aus rheinischer, sächsischer oder oberfränkischer Produktion bereichern erst seit dem späten 16. und 17. Jahrhundert den Geschirrbestand (vgl. S. 71, Abb. 71). Einfache Becher aus grauer Irdenware (Abb. 141) gehören im 15. und in der ersten Hälfte des 16. Jahrhunderts zum keramischen Trinkgeschirr, das durch rotgeflammte Siegburger Steinzeugbecher mit Trichterhals und Wellenfuß ergänzt wird (Abb. 142).

Die Auswertung der Latrinenfunde zeigt, daß schon seit dem 15. Jahrhundert in Heidelberg weitaus mehr gläserne denn keramische Trinkgefäße benutzt wurden. Maigel, Krautstrunk und Stangenglas (Abb. 141) zieren als variantenreiches und optisch ansprechendes Geschirr Tisch und Tafel. Im Gegensatz zu den irdenen nehmen die Gefäße aus Glas „...von dem eingegossenen Bier, Wein, sauren oder süßen, bittern oder scharffen Säfften keine Theilhafftigkeit noch Farb an sich." (Wolf Helmhard von Hohberg, 1682).

Im Mittelalter und der Neuzeit trank man vor allem Wein und Bier. Wasser war besonders in den Städten, wo Brunnen und Abortgruben eng benachbart lagen, oft mit üblem Geschmack behaftet, wenn nicht gar gesundheitsschädlich, und wurde als reines Getränk deshalb gemieden. Die stark gewürzten und gesalzenen Speisen förderten den Durst, den man mit großen Flüssigkeitsmengen zu löschen trachtete. Wohl auch aus diesem Grund genoß man die meist mit Pfeffer, Zimt, Kardamom, Nelken und Ingwer aromatisierten und mit Honig gesüßten Weine im Spätmittelalter mit Wasser verdünnt.

Die grünen optisch geblasenen Becher des Mittelalters und die nuppenbesetzten Krautstrünke und Stangengläser (Abb. 141) benutzte man vor allem für Wein. Im endenden 16. und im 17. Jahrhundert scheint man Bechergefäße (Abb. 144) besonders für den Biergenuß geschätzt zu haben, während rote

142 *Tischgefäße der 1. Hälfte des 16. Jahrhunderts.*

und weiße Weine aus farblosen Kelchgläsern und hellgrünen Römern getrunken wurden. Schöne Gläser, blau- weiße Fayencen (Abb. 146), Steinzeuge und Gefäße aus Kupfer, Zinn und Edelmetallen gehörten zum Schmuck der festlichen Tafel. Diese Präsentation von Pracht und Reichtum vermochte das Staunen der Gäste zu erregen und trug zum hohen Ansehen der Besitzer bei. M. B. / Ch. P-G.

Eßgerät

Im Mittelalter gehörte das Besteck, bestehend aus Messern, Löffel und Pfriem, zum persönlichen Besitz. Noch bis ins 16. Jahrhundert ist die Sitte nachzuweisen, daß Gäste ihr eigenes Besteck zu einem Essen mitbrachten.

Der Löffel als das wohl älteste Eßgerät läßt sich bis weit in die Vorgeschichte zurückverfolgen. Mittelalterliche Löffel haben meist einen kurzen gebogenen Stiel mit einem verdickten Ende und eine fast kreisrunde Laffe (Schöpfmulde), die im Laufe des 15. Jahrhunderts ovale Form annimmt. Beim Essen wurde der kurze Stiel mit der ganzen Faust umschlossen. Seit der 2. Hälfte des 16. Jahrhunderts wird der Stiel länger und (gegen Ende des 16. Jahrhunderts) die Laffe zum Stielansatz hin breiter ausgezogen. Löffel mit einem im Querschnitt flachen Stiel, wie sie uns heute geläufig sind, erscheinen erst in der 2. Hälfte des 17.

143 *Neben Eß- und Trinkgeschirren gehörten keramische Leuchter auf hohem Fuß zum wohlgedeckten Tisch. Öllämpchen und Leuchter, spätes 15. – Anfang 16. Jahrhundert.*

144 Tischgeschirr aus farbig glasierter Irdenware und Gläser, um 1600.

Jahrhunderts. Der größte Teil der alltäglich benutzten Stücke war wohl aus Holz gefertigt. Am Kornmarkt fand sich das Fragment einer hölzernen Laffe, die ins 15. Jahrhundert datiert.

Neben Holzlöffeln gab es Exemplare aus Metall, Horn, Bergkristall, Elfenbein, Perlmutt und, höchst selten, auch aus Glas. Aus einer der Latrinen stammt ein grüner Glaslöffel (Abb. 142) mit breit- ovaler Laffe und kurzem, gebogenem Stiel mit betontem Endknopf. Er entspricht in allen Merkmalen den zeitgleichen hölzernen Stücken aus der 1. Hälfte des 16. Jahrhunderts. Ein versilberter (?) Bleilöffel (Abb. 144) datiert wohl ebenfalls ins 16. Jahrhundert, wenngleich sein kurzer Stiel gerade ist und einen runden Querschnitt hat. Silberlöffel zählen aufgrund ihres materiellen Wertes zu den besonderen Bestandteilen eines gehobenen Haushaltes. Das Messer war ursprünglich der einzige Bestandteil des eigentlichen Bestecks. Die Schneidegeräte mit spitzer Klinge dienten dem Fixieren von Speisen und zum Zerkleinern von Fleischstücken. Gegen Ende des 17.Jahrhunderts rundete sich die Spitze. Die seit dem späten Mittelalter bekannten ein- und zweizinkigen Gabeln zählten nicht zum Eßgerät. Man verwendete sie zunächst beim Tranchieren und als Vorlegebesteck, aber auch beim Verzehr von kandierten Früchten und Konfekt. Seit dem 17. Jahrhundert gab es dann Gabeln mit gebogenen Zinken, mit denen man die Bissen zum Munde führte.

Bis auf die beiden Löffel fanden sich am Kornmarkt keine vollständigen Besteckteile, sondern nur Griffe aus Horn, Knochen (Abb. 147) und Holz. Sie können zum Teil zu Messern gehört haben. Eine genauere Zuordnung ist leider nicht möglich, da sich auch die Griffe von Gabeln/Pfriemen in dieser Zeit nicht wesentlich von ihnen unterscheiden. A. J.

145 Zinnteller, 17. Jahrhundert.

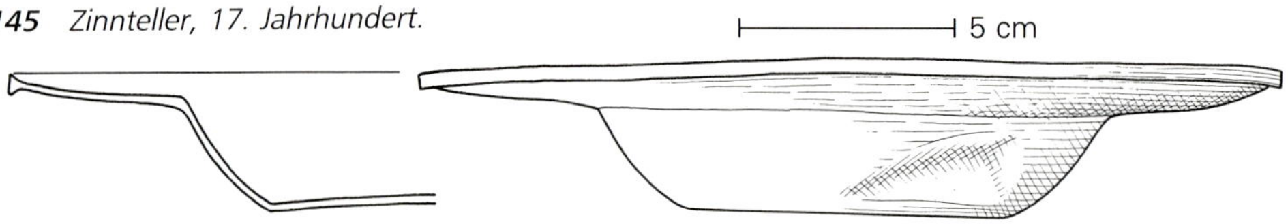

Tischmanieren

Zum rechten Genuß einer Mahlzeit tragen nicht allein feine Speisen und eine mit schönem Geschirr und Gerät bestückte Tafel bei, sondern – nicht zuletzt – auch das sittsame Betragen der Tischgenossen.

Die Manierenschriften (Courtoisieschriften) des hohen Mittelalters richteten sich an die Angehörigen der adeligen Oberschicht. Später vergrößerte sich der Kreis derer, die Wert auf gutes Benehmen legten, um die zu Geld und Ansehen gelangten Stadtbürger. In den sog. Tischzuchten des ausgehenden Mittelalters und der frühen Neuzeit wird dabei besonders das wohlgesetzte Verhalten bei Tisch in den Vordergrund gerückt. In einprägsamer Gedichtform ermahnt das Spruchgedicht des Nürnberger Schuhmachermeisters Hans Sachs zum sittsamen Benehmen beim Mahl. Vermieden werden sollten alle Handlungen, welche

146 *Tischgeschirr um 1600: Fußschalen aus Fayence, Becherhumpen, Fadenglas à la façon de Venise und blauer Teller aus Glas.*

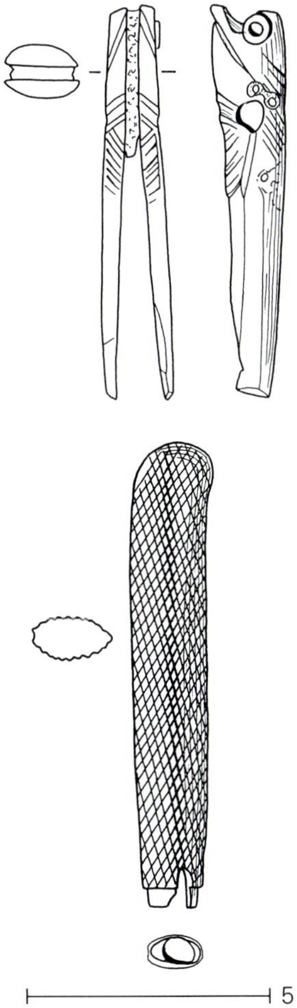

147 *Bei den beiden verzierten Griffen handelt es sich um Einzelstücke. Der Griff aus zwei Knochenplatten, die jeweils ein Tiermotiv (?) zeigen, war ursprünglich mit der Klinge vernietet (Griffzungenmesser, 16./17. Jahrhundert). Aus einem Stück gefertigt wurde der schuppenartig gekerbte Horngriff, der eine Vertiefung für die Angel aufweist (Griffangelmesser, 18. Jahrhundert).*

andere Tischgäste belästigten und ihre Freude an der Mahlzeit einschränken konnten.

Der rechte Gebrauch von Tisch- und Eßgerät, achtsamer Umgang mit den von Gott geschenkten Speisen und ein diszipliniertes Verhalten, wie es heute als selbstverständlich angesehen wird, stellte auch damals das Ideal dar:

„Red nicht mit vollem mund. sey mässig.
Sey in der schüssel nit gefrässig.
...
Und kew mit verschlossm mund
Schlach nit die zung auß gleich eim hund
...
Und wisch den mund, eh du wilt trincken,

das du nit schmaltzig machst den wein.
Trinck sitlich und nit hust darein.
...
Nach dem sollt du vom tisch auffstehn,
Dein hend waschen und wider gehn
An dein gewerb und arbeyt schwer.
So sprichet Hans Sachs, schumacher.
Anno salutis 1534, am 14 tag Julii."

M. B. / Ch. P-G.

Literaturhinweise

J. Baart u. a., Opgravingen in Amsterdam. 20 jaar stadskernonderzoek (1977) 294 ff. (Besteck).

R. Brandl, Essen und Trinken im mittelalterlichen Nürnberg. In: Aus dem Wirtshaus zum Wilden Mann. Funde aus dem mittelalterlichen Nürnberg. Ausstellungskatalog Germanisches Nationalmuseum Nürnberg (1984) 22 f.

N. Elias, Über den Prozeß der Zivilisation. Bd. 1 (1990[15]) 75 ff.

H. Wühr, Altes Eßgerät. Löffel – Messer – Gabel (1961).

...inmitten des Glanzes ihrer Töpfe und ihres Geschirres... (Abbé Sartre, 17. Jahrhundert)

Silber und Zinn waren reichen Bürgern und Patriziern als Tischschmuck und Gebrauchsgerät beim festlichen Mahle wohlvertraut. Aber gerade diese Objekte, die zur Tafelausstattung gehobener Haushalte gehörten, fehlen wegen der Wiederverwertbarkeit des Metalls bis auf wenige Ausnahmen im Fundgut des Kornmarktes. Dennoch läßt sich auch an den gläsernen und keramischen Hinterlassenschaften der Bewohner des Eckhauses und des Giebelbaues ein gehobener Lebensstandard ablesen. Das Repräsentationsbedürfnis der Oberschichten spiegelt sich nicht allein in der Ausstattung von Haus und Wohnung, in kostbarer Kleidung, sondern auch in aufwendiger Tafelzier wider. Macht und Reichtum suchten und fanden Ausdruck in Besitz und Umgang mit außergewöhnlichen Dingen. Selbst Gegenstände des „täglichen" Gebrauchs wie Trinkgläser, Teller und Speiseschüsseln können in diesem Rahmen Mittel bürgerlicher Selbstdarstellung werden. Für wohlhabende Patrizier des 16. Jahrhunderts, zu denen Wendel Regensberger und seine Nachkommen sowie die Apothekerfamilie Fettich zählen, war eine üppig bestückte Tafel selbstverständlich. Die Präsentation des Reichtums übertrifft die praktische Funktion des Geschirrs an Bedeutung. Kredenzen auf hohem Fuß aus Metall und Glas finden sich auf zahlreichen zeitgenössischen Abbildungen, die einen festlichen Tisch schildern. Auf ihnen wurden kostspielige Leckereien, wie feine Konfekte, kandierte Früchte und Gebäcke dargereicht. Die hohe Zahl von allein neun solcher sehr seltenen Fußschalen aus blau-weißer Fayence (vgl. Abb. 146) aus dem Haushalt der Familie Regensberger/Burckhardt legen beredtes Zeugnis von der in diesem Hause gepflegten Tischkultur ab. Zu dem abwechslungsreichen Repertoire an aufwendig gestalteten Steinzeugkrügen und Humpen (vgl. Abb. 71 und 73) gesellt sich eine große Auswahl verschiedenster Glasgefäße. Neben den üblichen, in sehr großen Mengen vorhandenen Kelchgläsern fanden sich auch einige exzeptionelle Stücke wie diamantgerissene Deckelpokale, Flügelgläser à la façon de Venise (vgl. Abb. 111 und 114), Deckelbecher aus Eisglas und Ringelgläser.

In Kunstkammerschränken trugen Adel und reiche Bürger im 16. und 17. Jahrhundert Raritäten und Kuriositäten aus Natur und Kunst zusammen. Es ist gut vorstellbar, daß die zerbrechlichen gläsernen Kostbarkeiten des Apothekers Fettich (Abb. 148) einst als wohlgehütete Schätze im Kabinettschrank des Hausherrn aufbewahrt wurden. Über archäologische Fundmaterialien läßt sich in einem gewissen Rahmen der finanzielle Hintergrund und damit indirekt die wirtschaftliche Position der einstigen Eigentümer erschließen, erst durch Zusammenarbeit mit anderen historischen Disziplinen aber ihre politische und hierarchische Stellung im gesellschaftlichen Gefüge.

M. B. / Ch. P-G. / E. H.

148 Deckelpokal, feine Kelchgläser und blaue Kreuse aus dem Haushalt des Apothekers Ezechias Fettich, um 1600.

Neue Genüsse

149 Tabakpflanze; Erstienne und Liebault, Agriculture et Maison Rustique, (1576); Niemeyer Tabakmuseum, Groningen.

Tabak, Tee, Kaffee

Die pflanzlichen Reste von Tabak, Tee und Kaffee entziehen sich im allgemeinen dem archäologischen Nachweis. Fragmente von tönernen Tabakspfeifen und auch von Tee- und Kaffeegeschirren aus Keramik oder Porzellan bleiben jedoch im Boden erhalten und zeugen vom Genuß der Stimulantien in vergangenen Jahrhunderten.

Als erstes gelangte der Tabak (Abb. 149) nach Europa. Das bis dahin unbekannte Kraut fand zunächst als Heilpflanze Verwendung. Erst später setzte sich Tabak als Genußmittel durch. Daß seine Wirkung nicht über die Verdauungsorgane, sondern durch das Inhalieren von Rauches erfolgte, stieß die Europäer anfangs eher ab, als daß es zum Probieren anreizte. Diese Art der Aufnahme war so ungewohnt, daß man die neue Sitte mit gebräuchlichen Begriffen aus dem Bereich der Nahrungsaufnahme belegte. „Rauchschlürfen" und „Tabaktrinken" galt zudem vielfach als unreinlich, unmoralisch und als ein Werk des Teufels. Soldaten und Matrosen trugen wesentlich zu seiner Verbreitung bei, erst allmählich wurde das Pfeiferauchen auch in höheren Kreisen üblich.

H. S.-S.

Die tönernen Tabakspfeifen

Eine charakteristische Fundgattung des 17. Jahrhunderts, die im Kornmarktmaterial repräsentiert ist, bilden die tönernen Tabakspfeifen (Abb. 150). Seit der ersten Hälfte des 17. Jahrhunderts erscheinen sie an verschiedenen Fundorten, zunächst aus Holland importiert und seit etwa 1650 als einheimische Produkte, die niederländische und englische Waren nachahmten.

Unter den 158 bisher erfaßten Fundstücken des Kornmarkts befindet sich keine vollständig erhaltene oder komplett zusammensetzbare Tonpfeife. Bruchstücke der recht fragilen Pfeifen wurden, wenn sie zerbrochen waren, offenbar von den Rauchern gleich in die Hauslatrinen oder in den Brunnen geworfen. Aus Flächenbefunden stammen nur einige spätere Beispiele aus dem 18. und 19. Jahrhundert.

Die Fundgattung der Pfeifen zeigt am Kornmarkt ein recht einheitliches Bild. Es fanden sich ausschließlich Stücke im niederländischen Stil, die aus weißem Ton in einem Stück geformt und mit einfachen, manchmal auch komplizierten Ornamenten verziert sind. Ob es sich dabei um echte holländische Pfeifen oder um lokale Nachahmungen handelt, ist nur für einen kleinen Teil der Stücke zu entscheiden. Tonpfeifen osmanischer Tradition, wie Manschettpfeifen, glasierte, lackierte oder aus rotem Ton gefertigte Beispiele, die aus anderen süddeutschen Fundorten bekannt sind, fehlen im Fundmaterial des Kornmarkts vollkommen.

Innerhalb des Fundspektrums können verschiedene Gruppen festgestellt werden. Die Unterschiede in Machart und Motivtradition sind Hinweise für die Herkunft aus verschiedenen Werkstätten oder auch für eine qualitative Abstufung der Produkte, wie sie in Holland bezeugt ist.

Bei der Mehrzahl der Funde handelt es sich um kleine, unverzierte Stielfragmente. Hier ist besonders schwer zu entscheiden, ob eine lokale Fertigung oder Import vorliegt. Einen Indikator bildet die für Goudische Tonpfeifen kennzeichende sog. Porzellanqualität, die bei einigen Fragmenten dieser Gruppe festzustellen ist. Einige Exemplare, die erst hinter der „Ferse" abgebrochen sind, lassen sich aufgrund der erhaltenen eingestempelten Marken mit großer Sicherheit niederländischen Werkstätten zuweisen: Initialen wie die jeweils gekrönten Buchstaben H oder

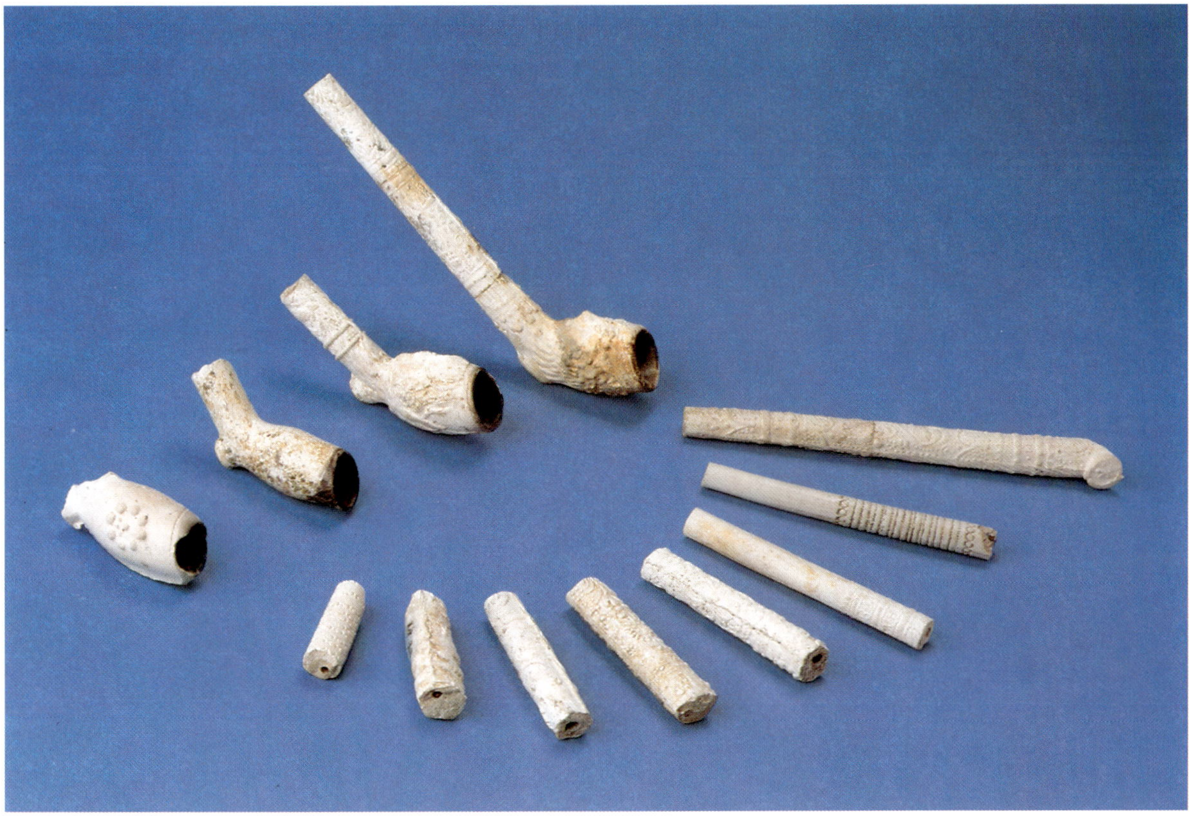

150 Tonpfeifenfragmente vom Kornmarkt.

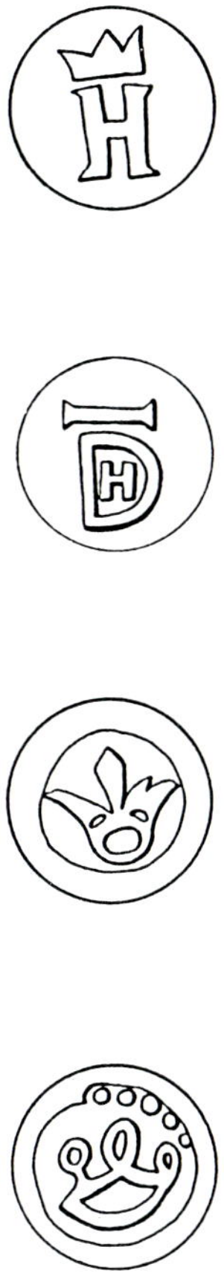

151 Fersenmarken mit niederländischen Initialen.

G, das von einem gekrönten D umrahmte H, gekrönte Trauben, die schematisierte Krone oder der Prophet Jonas im Wal (Abb. 151, Abb. 152; 1).
Unter den verzierten Fundstücken bilden die mit Reliefdekor die größte Gruppe. In Machart und Qualität entsprechen sie meist schon bekannten einheimischen Pfeifenfunden. Der barocke Dekor des Stieles aus üppigen, flächendeckenden floralen Ornamenten mit punktgefüllten Zwischenräumen erinnert stark an zeitgenössische Goldschmiedearbeiten (Abb. 152; 4, 5, 6, 7, 9, 11). Fünf Kopffragmente sind an beiden Seiten mit Punktrosetten verziert, (Abb. 152; 3). Bei drei Exemplaren ist der Pfeifenkopf wie das Haupt eines Mannes geformt, dessen Gesicht dem Raucher zugewandt ist (Abb. 152; 9, 11). Einen besonderen Typus bilden die drei Beispiele sog. Jonas-Pfeifen, deren Thematik auf die biblische Geschichte Bezug nimmt. Der Stiel hat die Gestalt eines Fisches, aus dessen Maul der Kopf des Propheten wächst (Abb. 152; 8). Die Machart dieser Pfeifen legt die Vermutung nahe, daß sie in lokaler Produktion gefertigt wurden.
Eindeutig läßt sich dies für sechs Stielfragmente nachweisen, die ein Schriftband mit dem Namen des Herstellers tragen. Hier finden sich zwei schon aus Schriftquellen bekannte Pfeifenmacher: Sebastian Eckel aus Frankenthal (Abb. 152; 6) und Julius West (Abb. 152; 5), der eine Werkstatt in Mannheim in Quadrat J2 betrieb. Seine Pfeifen sind auch im Mannheimer Fundmaterial belegt. Die gekrönten Initialen R und W, die mehrmals in Heidelberg auftauchen, sind ein Hinweis auf Reichhard West, den Vor-

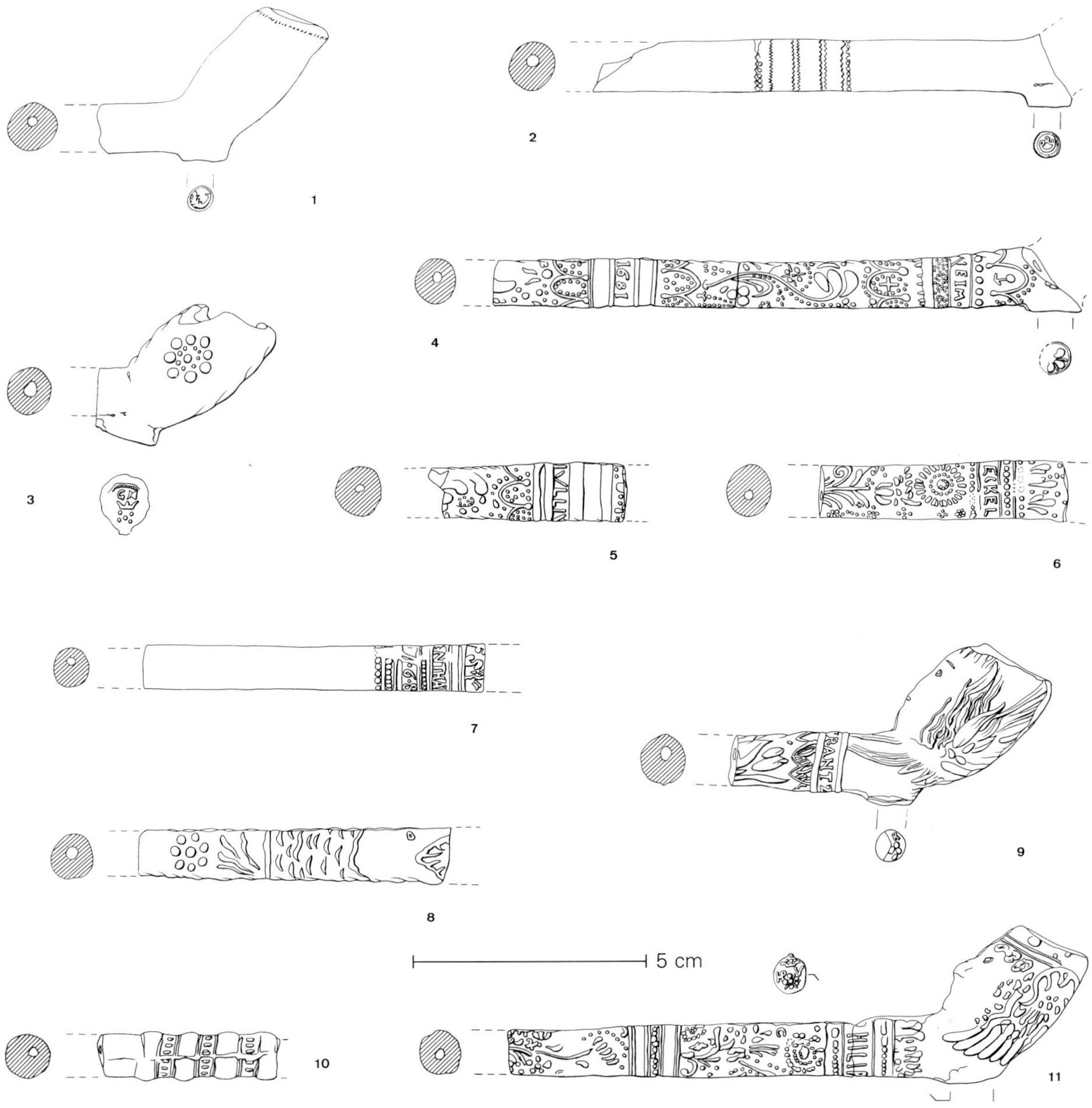

152 Tonpfeifenfragmente.

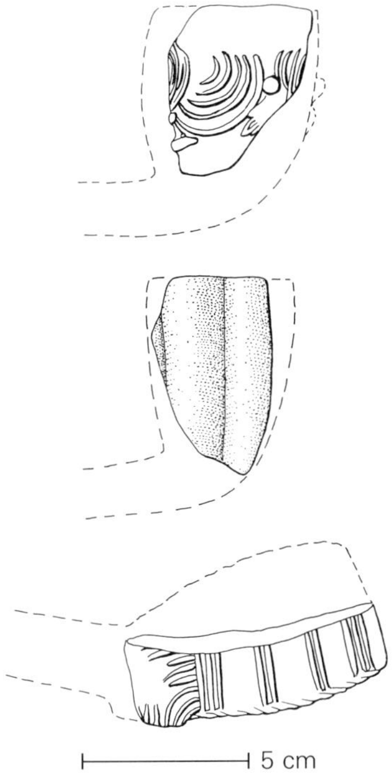

153 Tonpfeifenfragmente, die vermutlich in das 19. Jahrhundert datieren.

besitzer der Werkstatt und Vater des Julius West. Darüberhinaus wurde ein bisher unbekannter Tonpfeifenbäcker namens Franz Remet erstmals im Kornmarktmaterial entdeckt (Abb. 152; 9). Der in Mannheimer Funden bezeugte Philipp Finsler ist durch drei Stielinschriften belegt (Abb. 152; 11). Seine Wirkungsstätte kann noch nicht lokalisiert werden. Die Produkte zeigen jedoch viele Gemeinsamkeiten mit denen der Familie West, eine Tatsache, die künstlerische Anleihen, Zusammenarbeit oder auch unmittelbare Nähe beider Werkstätten anzeigt. Bei zwei Pfeifenfragmenten fehlen Personennamen, doch sind auf dem Stiel Ort und Datum der Herstellung erhalten. Eine wurde in Frankenthal 1668 hergestellt, die andere in Mannheim 1681 (Abb. 152; 4 und 7).

Eine weitere charakteristische Gruppe bilden 26 Tonpfeifenfragmente mit gestempelter Verzierung. Besonders hochpolierte Exemplare dürfen als echte holländische Importstücke angesehen werden. Diese Ziertechnik war auf holländischen Tonpfeifen ab der Mitte des 17. bis zum ausgehenden 19. Jahrhundert sehr beliebt. Die schlichten Schmuckbänder, die auf den noch feuchten Pfeifenstiel eingeprägt worden sind, bestehen aus Zickzacklinien und Perlreihen (Abb. 152; 2). Neben seiner dekorativen Wirkung markierte der Bandstempel den Schwerpunkt und damit die Griffstelle der manchmal sehr langen Pfeifen. Besonders bemerkenswert ist ein Stielfragment (Abb. 152; 2), dessen Fersenmarke als Posthorn gebildet ist. Diese Marke ist ein bekanntes Kennzeichen der Goudischen Tonpfeifenmanufaktur. Ein hinsichtlich Verzierung und Stempelmarke identisches Stück befand sich in der Ladung eines 1664 bei den Shetland-Inseln gesunkenen holländischen Schiffes.

Drei Kopffragmente, die nicht aus Latrinenbefunden stammen, zeigen eine sehr entwickelte Phase der Tonpfeifenbäckerei. Die dünne Wandung und die filigrane Verzierung sind typisch für das 19. Jahrhundert. Ein Exemplar schmücken konzentrische Halbkreise und Punkte, ein weiteres metopenartig gegliederte Streifen. Der dritte Pfeifenkopf ist deutlich profiliert (Abb. 153).

Zusammenfassend läßt sich festhalten, daß das schon durch frühere Untersuchungen gewonnene Bild einer einheimischen Tonpfeifenproduktion durch die Kornmarktfunde bestätigt und erweitert wird. Die Tätigkeit der Mannheimer und Frankenthaler Pfeifenmacher im späten 17. Jahrhundert wird mit neuen Stücken belegt. Diese Pfeifen wie auch jene des 18. Jahrhunderts entfernen sich aber kaum von holländischen Vorbildern. Dies liegt in der durch Kurfürst Karl Ludwig begünstigten Ansiedlung niederländischer Handwerker begründet. Parallel zur einheimischen Produktion ist der Gebrauch aus Holland importierter Tonpfeifen zu beobachten. Diese Fundstücke können durch Handel, aber auch durch die Anwesenheit zahlreicher fremder Truppen während des Dreißigjährigen Krieges erklärt werden. Eine Schwierigkeit für die Zuweisung der heimischen Pfeifen zu bestimmten Werkstätten bereitet bisher der Mangel an Vergleichsmaterial, welches nur für die holländischen und englischen Waren ausreichend vorhanden ist, ein Sachverhalt, der eine etwas einseitige Beurteilung dieses Fundstoffes verursacht. Für die Zukunft ist zu erhoffen, daß neue Funde und archivalische Studien die Erforschung der einheimischen Tonpfeifenproduktion voranbringen werden.

K. S.

Literaturhinweise

D. H. Duco, De Nederlandse kleipijp (1987).

D. H. Duco, – M. Schmaedecke, Tonpfeifenfunde der Grabung Breisach am Rhein, Fundber. Baden-Württemberg 13, 1988, 777ff.

I. Jensen, Archäologie in den Quadraten. Katalog zur Ausstellung im Städt. Reiss-Museum Mannheim 1986, 119f.

I. Jensen, Zu den Anfängen der Mannheimer Tonpfeifenproduktion im 17. Jahrhundert, Mannheimer Hefte 1990/1, 90ff.

M. Schmaedecke, Tonpfeifenfund aus Breisach am Rhein, Archäologische Ausgrabungen in Baden-Württemberg 1986, 314ff.

M. Schmaedecke, Tonpfeifen vom Schloßberg in Freiburg im Breisgau. Archäologische Nachrichten aus Baden 42, 1989, 27.

Muße und Zeitvertreib

Neben Karten und Würfeln zählten auch Brett- und Murmelspiele zu den von Staat und Kirche im Laufe der Geschichte immer wieder verbotenen und mit empfindlichen Strafen belegten Glücksspielen.

Spielsteine, Würfel und vielleicht auch die Murmeln, die durchaus Bestandteil von Erwachsenenspielen waren, zeugen von der Beliebtheit des „verwerflichen" Tuns auch bei den Bewohnern des Kornmarktes. A. J.

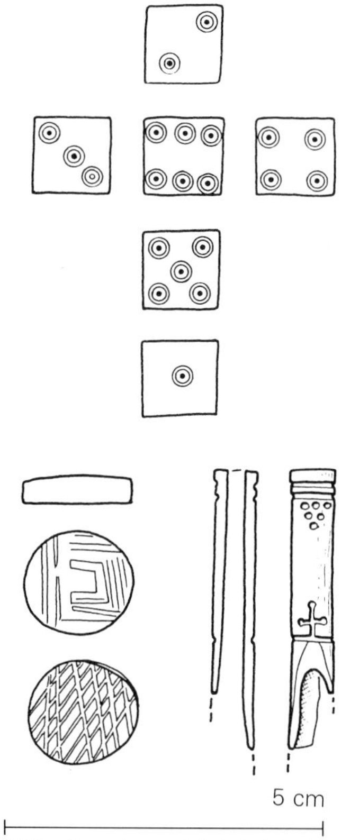

154 Knochenwürfel, Spielsteine aus Knochen und Ton; Mundstück einer Knochenflöte (?).

Von dem Trancke Café und Sinesischem Thé

Tee und Kaffee trafen in verhältnismäßig geringem zeitlichen Abstand in der ersten Hälfte des 17. Jahrhunderts in Europa ein. 1610 wurde die erste Schiffsladung mit Tee aus China in Holland gelöscht, regelmäßige Teesendungen kamen jedoch erst ab 1638. Der Kaffee hingegen gelangte aus dem Vorderen Orient und Nordafrika zu uns. Der erste Rohkaffee erreichte 1637 einen europäischen Hafen. In größeren Mengen wurde er ab 1660 über die Mittelmeerhäfen Marseille und Venedig eingeführt.

Ärzte und Apotheker, die sich mit der Frage befaßten, ob der Genuß der Getränke der Gesundheit zu- oder abträglich sei, kamen zu den unterschiedlichsten Beurteilungen, schwankend zwischen begeisterter Zustimmung und entschiedendster Ablehnung. Anfangs als Arzneien betrachtet, wurden Tee und Kaffee zunächst ausschließlich in Apotheken und zu hohen Preisen verkauft.

Es dauerte nicht lange, bis die fremdartigen Getränke, zu denen auch die Schokolade zählte, ihren Einzug in die wohlhabenden Kreise hielten. Ausgehend vom tonangebenden Hof von Versailles fanden sie an den europäischen Höfen und in vornehmen Salons Aufnahme. Eine große Rolle spielte dabei die herrschende Vorliebe für alles Exotische, die sich sowohl auf Gartengestaltung und Innenarchitektur auswirkte, als auch die Mode stark beeinflußte.

Dennoch waren die stimulierenden Getränke auch in höchsten Kreisen nie unumstritten. Liselotte von der Pfalz zum Beispiel äußerte sich nicht sehr begeistert über die Modegetränke am französichen Hof: „Ich kann weder thé noch chocolat noch caffé drincken; all das frembt Zeug ist mir zuwider: den chocolat findt ich zu süß, caffé kompt mir vor wie Ruß und das thé wie eine halbe Medicin, summa ich kann in dießem Stück wie in viellen andern garnicht alamode sein" (1704).

Bevor sich Tee und Kaffee den privaten Rahmen der bürgerlichen Haushalte erobern konnten, wurden sie in den öffentlichen Lokalen bekannt. In der zweiten Hälfte des 18. Jahrhunderts läßt die stetig anwachsende Zahl der Kaffehäuser und Teesalons darauf schließen, daß die Getränke immer mehr Zuspruch fanden. Zu dieser Zeit begann sich auch die Sitte durchzusetzen, Tee oder Kaffee zum Frühstück zu genießen.

Bürgersfrauen, denen schon im 18. Jahrhundert eine besondere Vorliebe für den Kaffee nachgesagt wurde, schufen sich mit dem Kaffeekränzchen eine Gelegenheit, in häuslicher Sphäre ausgiebigem Kaffeegenuß zu huldigen. Ein fester Kreis von Damen traf sich regelmäßig zu reihum stattfindenden Zusammenkünften, um bei Kaffee, Tee und Gebäck an-

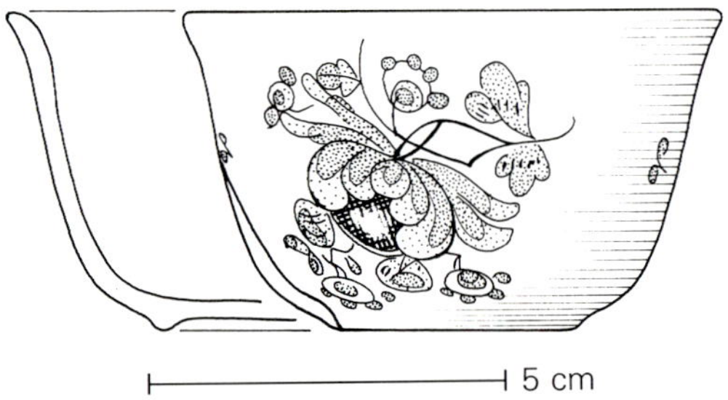

156 Durlacher Koppchen mit stilisierter ostasiatischer, an Rosen erinnernder Blüte, 1770/80.

155 Durlacher Fayencen. Zwei Koppchen und eine Unterschale aus einer Latrine im nordwestlichen Prinz-Carl-Bereich, 1770/80.

regende Gespräche zu führen und die neuesten Nachrichten auszutauschen. Diesen „weiblichen" Kränzchen entsprachen die Kaffee-Visiten der Männer, die vordergründig dem Zweck dienten, sich mit Literatur und Politik zu befassen. In einem solchen Kontext dürfen wir uns vielleicht den Gebrauch der Fayence-Koppchen und Unterschalen vom Heidelberger Kornmarkt vorstellen.

Durlacher Fayencen des späten 18. Jahrhunderts

Einen ausgesprochen schönen Fund aus dem Prinz Carl-Komplex stellen die Fayence-Koppchen und Unterschalen aus der Durlacher Fayencemanufaktur dar (Abb. 155).
Hergestellt wurden sie um 1770/80 und gehörten so vermutlich zum Hausrat einer Familie, die vor der Gründung des Gasthofs Prinz Carl im nordwestlichen Bereich des Gevierts ansässig war.
Das Material Fayence stellte zu dieser Zeit einen preiswerten Ersatz für das wertvolle und kostspielige Porzellan dar. Nach jahrelangen Bemühungen, das Herstellungsgeheimnis des chinesischen Porzellans zu ergründen, hatte 1708 Johann Friedrich Böttger (1682–1719) in Dresden auf Geheiß des Kurfürsten von Sachsen jenes wiedererfunden. In der Folgezeit entstanden in ganz Europa Porzellanmanufakturen, allen voran die Manufaktur auf der Albrechtsburg in Meißen. Obwohl sich so das Böttger-Porzellan verbreitete, existierten weiterhin zahlreiche Fayencemanufakturen, deren Erzeugnisse zwar nicht an die Qualität des echten Porzellan heranreichten, die aber dennoch versuchten, diesem in Form und Dekor nahezukommen. Porzellan wie Fayence orientierten sich im 18. Jahrhundert in der Bemalung vielfach an ostasiatischen Vorbildern, wie die Bemalung eines der Heidelberger Koppchen (Abb. 156) und mehrerer Fragmente von Unterschalen zeigt. Ein weiterer beliebter Dekor war das sogenannte Strohblumenmuster, wie es eine Unterschale vom Kornmarkt aufweist.

157 Kaffeekanne und Milchgießer. Funde aus dem Eiskeller des Hotels „Prinz Carl", Ende 19. Jahrhundert.

Im späten 18. Jahrhundert hatten sich die heute bekannten Geschirrformen für Kaffee- und Teeservice noch nicht durchgesetzt. So dienten die zierlichen Koppchen und die Unterschalen gleichermaßen dem Genuß von Kaffee und von Tee.

Eine Kaffeekanne und ein Milchkännchen aus dem späten 19. Jahrhundert

Der Fund einer großen Kaffeekanne und eines dazu passenden Milchkännchens (Abb. 157) aus dem Küchenbereich des Hotels „Prinz Carl" zeugen davon, wie sehr der Kaffee etwa 250 Jahre nach seiner Einführung in Europa zum unentbehrlichen Volksgetränk geworden war. Die braunglasierte Keramikkanne hat nichts mit dem weißen Hotellerieporzellan gemein, das im gleichen Fundzusammenhang zutage kam und welches man sich gut auf einer weißgedeckten Tafel im prachtvollen Speisesaal des Hotels vorstellen kann. Vielmehr handelt es sich hier um Geschirr, das wahrscheinlich für das Personal des Gasthofes bestimmt war und dementsprechend in der Küche und den Personalräumen seinen Platz hatte.

H. S-S.

Literaturhinweise

G. Schiedlausky, Tee, Kaffee, Schokolade. Ihr Eintritt in die Europäische Gesellschaft (1961).

I. Jensen, Archäologie in den Quadraten. Katalog zur Ausstellung im Städt. Reiss-Museum Mannheim (1986).

U. Mämpel, Keramik. Von der Handform zum Industrieguß (1985).

Durlacher Fayencen 1723–1847. Katalog zur Ausstellung im Badischen Landesmuseum Karlsruhe (1975).

Kleid und Waffe

158 Der Schneider; Holzschnitt von Jost Amman, Ständebuch, 1568; Niedersächs. Staats- und Universitätsbibliothek Göttingen.

160 Bildnis der 33jährigen Katharina Voit mit Barett; Kurpfälzisches Museum, Heidelberg.

Die Textilfunde

Aufgrund der idealen Lagerbedigungen in den Latrinen vom Kornmarkt (ausgeglichene Temperatur, Lichtabschluß und Feuchtigkeit) erhielten sich zahlreiche Textilreste, die einen repräsentativen Querschnitt der zeitgenössischen Textilverarbeitung und -verwendung liefern.
Der gute Erhaltungszustand dieser Funde erforderte kein besonderes Konservierungsverfahren. Die Maßnahmen beschränkten sich auf Trocknung, mechanische Reinigung und mehrmalige Bäder in destilliertem Wasser. Die Textilfunde sind zum größten Teil sehr fragmentarisch erhalten, so daß die ursprüngliche Form und Verwendung meist nicht zu rekonstruieren ist. Es ist allerdings nicht zu erwarten, daß Latrinenfunde, gleich wie Grabfunde, in vollständigem Zustand „deponiert" wurden. Nur ein Bruchteil der benutzten Textilien dürfte in die Hauslatrinen gelangt sein. Der überwiegende Teil wurde gesammelt und zur Papier- oder Filzherstellung wiederverwendet. Der Grund, warum ein Teil der Textilien diesem „Recycling" entgangen ist, liegt wahrscheinlich darin, daß die Wiederverwendung bestimmter Kleidungsstücke oder Haustextilien nicht möglich oder lohnend war. Als weiterer Grund ist zu berücksichtigen, daß Textilreste als Mittel persönlicher Hygiene dienten.

159 Reste eines Baretts aus Samt.

Zu den interessantesten und in ihrer ursprünglichen Gestalt rekonstruierbaren Textilfunden vom Kornmarkt zählt der Rest eines Baretts aus dunkelbraunem Samt (Abb. 159 und 160). Voll erhalten ist die Krempe und das gefaltete Unterteil des „Kopfes". Der heute fehlende Teil ist mit großen Scherenschnitten abgetrennt. Die aus vier Stücken genähte Krempe hat einen Durchmesser von 23 cm. Die 1 mm hohe Flordecke ist an vielen Stellen zerschlissen. Der schlecht erhaltene Kopf ließe auch eine anderen Rekonstruktion zu, nämlich als „Hut mit gefaltetem Kopf". Das Stück datiert in das ausgehende 16. Jahrhundert, als die Familie Regensberger/Burckhardt das Haus, zu dem die Latrine gehörte, bewohnte.
Den Nachweis für Hüte liefern mehrere Filzreste, von welchen einer drei rundgeschnittene Kanten aufweist, die möglicherweise auf Hutfertigung verweisen (Abb. 161). Filz wurde auch als Gewandfütterung oder für die Anfertigung von Schuhen und Kleidungsstücken verwendet.
Eine weitere Art der Kopfbedeckung zeigen zwei Haarnetzfragmente, die in unmittelbarer Nähe zueinander geborgen wurden. Die Stücke vertreten zwei verschiedene Techniken: ein Netz ist geknüpft (Abb. 162), das andere bestand aus glatten, seidenen Bändern, die an den Kreuzungsstellen mit Plättchen noch unbestimmten Materials geschmückt waren (Abb. 164). Das geknüpfte Haarnetz trägt ein Muster, das aus Reihen verschieden breiter Knüpfungen gebildet ist (Abb. 163). Beide Stücke finden die besten Vergleiche in zwei vollständig erhaltenen Haarnetzen

161 *Filzrest.*

162 *Rest aus einem geknüpften Haarnetz.*

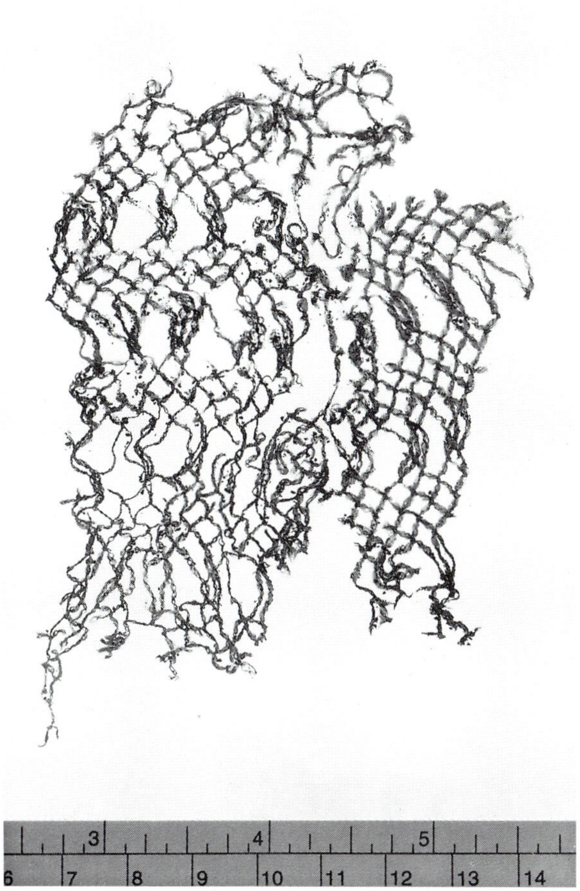

163 *Albrecht Dürer, Kölner Mädchen mit Haarnetz, 1520/21; Graphische Sammlung Albertina, Wien.*

164 *Band aus einem mit Plättchen geschmückten Haarnetz.*

unbekannter Herkunft, die sich im Düsseldorfer Kunstmuseum befinden (Abb. 165).

Auf ein kennzeichnendes Element der Kleidung des 16. und 17. Jahrhunderts weisen Fragmente eines heute braunen Seidengewebes (Abb. 166 und 167). Der Stoff ist in der Bindungstechnik „Gros de Tours" gewebt und mit parallelen Reihen gleichlanger Verschlitzungen versehen. Die Schlitze sind nicht gesäumt und verlaufen in Gegenrichtung zur Kette. Andere Merkmale oder erhaltene Funktionsnähte sind nicht vorhanden, so daß eine nähere Bestimmung des ursprünglichen Kleidungsstückes nicht möglich ist. Sicher jedoch ist, daß diese Fragmente, wie auch das Barett und viele andere Textilfunde vom Kornmarkt, Abfälle der Kleiderfertigung oder Reste von Änderungen sind. Das Stück ist durch die Beifunde in die Mitte bis 2. Hälfte des 17. Jahrhunderts zu datieren.

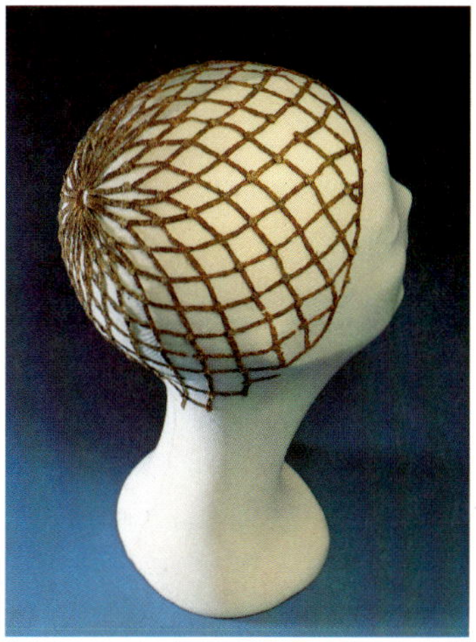

165 *Haarnetz unbekannter Herkunft; Kunstmuseum Düsseldorf.*

166 Geschlitztes Seidenfragment (M. ca. 1:5, 1:1 und 8:1).

167 Lorenz Strauch, Bildnis eines unbekannten Mannes, 1597; Martin-von Wagner-Museum, Würzburg.

Aus der 2. Hälfte des 16. Jahrhunderts stammt ein Fragment aus wertvollem Seidendamast (Abb. 168). Das Gewebe hat heute eine zimtbraune Farbe. Der Hintergrund ist in Taft- und das Muster in Atlasbindung gewebt. Es entsteht ein üppiges Muster aus freistehenden Blüten und vielleicht großen Spitzovalen. Drei Schnittkanten sind so gesäumt, daß die obere Fläche des Kleidungsstückes als kleiner Streifen ausgebildet ist. Eine Webkante blieb unter der Säumung erhalten. Die Bindung ist 50 Fäden auf 1 cm dicht (Abb. 169, 1–3). Einen Eindruck der in der Spätrenaissance sehr beliebten damaszierten Stoffe geben viele zeitgenössische Abbildungen. Sie überliefern außerdem die Verwendung der Seidendamaste im Bereich des Hausrats für Vorhänge und Dekken, im kirchlichen Bereich für Paramente und selbst als Überzug von Pulverflaschen.

Für eine Anzahl feiner Seidengewebe in einfacher Taftbindung lassen sich keine weiteren Auskünfte über ihre ursprüngliche Funktion beibringen, da die meisten Fragmente zu klein sind (Abb. 169, 4–5). Sie konnten für besonders feine Kleidungsstücke oder für die Fütterung geschlitzter Gewänder verwendet werden. Ein größeres Taftstück (13 x 25,5 cm) ist weit gebunden und die Säumung an einer der langen Seiten erhalten (Abb. 169, 6–7). Die Feinheit des Gewebes und die Abwesenheit von weiteren Funktionsnähten erlauben die Vermutung, daß es vielleicht Teil eines Schleiers war.

Eine schöne Seidenborte aus der ersten Hälfte des 16. Jahrhunderts repräsentiert die Technik der Brettchenweberei, die in der Renaissance für die Verzierung von Gewändern, Kopfbedeckungen und Zubehör häufig Verwendung fand (Abb. 169, 8–9). Die brettchengewebten Borten faßten freie Kanten ein und ergaben dekorative Effekte zu den meist dunkelfarbigen und streng geschnittenen Kleidern der spanischen Mode.

Ferner liegen Gewebe in Atlasbindung (Satin) vor (Abb. 169, 10–11). Diese Webtechnik erzeugte besonders feste und glänzende Textilien, die für alle Arten der „vornehmen" männlichen und weiblichen Oberkleidung beliebt waren. Die Stücke werden ins 16. Jahrhundert datiert.

Ein weniger wertvolles, aber in seiner Gestalt sehr interessantes Gewebe, läßt sich aus mehreren gröberen tuchbindigen Fragmenten zusammensetzen (Abb. 170). An die runden Kanten des heute rötlichbraunen Stoffes sind Zierfransen aus dem gleichen Material geknüpft. Größe, Gestalt und Qualität des

168 Seidendamast.

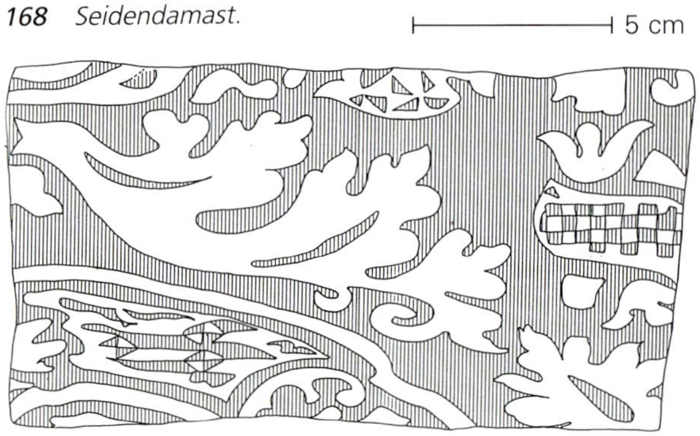

1
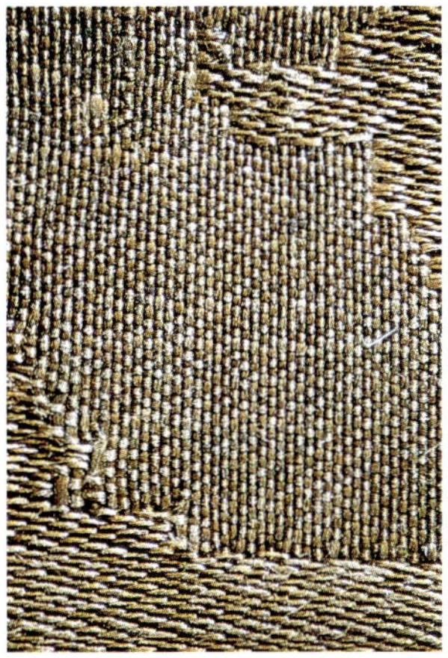
2

3

__169__ 1–3 Seidendamast (M. 1:1, 3:1, 8:1); 4–5 Taftgewebe (M. 1:1, 13:1); 6–7 Taftgewebe, Haube? (M. 1:1, 8:1); 8–9 brettchengewebte Borte (M. 1:1, 8:1); 10–11 atlasbindiges Gewebe (M. 1:1, 8:1); 12–13 feine Strickware (M. 1:1, 8:1).

4

5

6

7

8
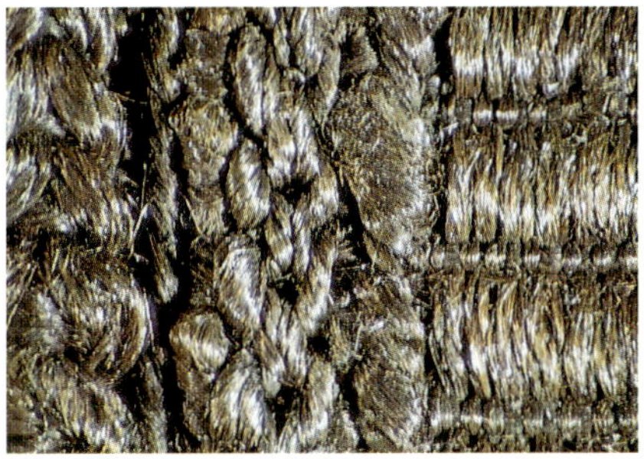
9

10

11

12

13

170 Tuchbindiger Stoff mit geknüpften Fransen.

171 Bürgers Frau zu Heidelberg; Jost Amman, Frauentrachtenbuch, 1586 (Neudruck von 1880); Universitätsbibl. Heidelberg.

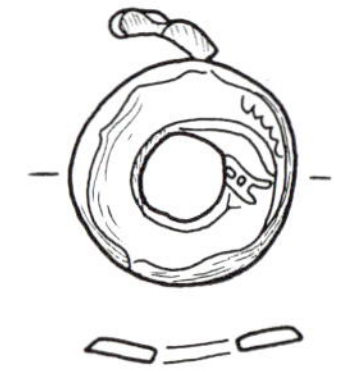

172 Tuchplombe aus Blei.

Fundes deuten an, daß es nicht für Kleidung, sondern im Bereich des Hausrats – vielleicht als Decke – verwendet wurde. Viele zeitgenössische Abbildungen aus dem 17. Jahrhundert, in welches unser Fund zu datieren ist, zeigen solche oval oder rund geformte Decken unter Pferdesätteln.

Mit zwei gut erhaltenen Strickwaren wird eine Handarbeit belegt, die über längere Zeiten hinweg gewebte Kleidungsstücke ergänzte. Das feinere davon (Abb. 169, 12–13) könnte Rest eines Strumpfes oder einer Strumpfhose sein. Das gröbere Beispiel gehörte vielleicht zu einem weichen Strickbarett oder zu einer ohrbedeckenden, als „Schlappe" bezeichneten Mütze.

Zu den Textilfunden, die hier nicht ausführlich behandelt werden können, zählen weitere feine Gewebe aus Materialien wie Leinen, Wolle und Seide. Sie sind in Leinwand- oder in abgeleiteten Köperbindungen gewebt. Darüberhinaus kommen gröbere Stoffe vor, die für bescheidene Kleidung oder als Haustextilien Verwendung fanden.

Bei der bisherigen Untersuchung der Textilfunde ließen sich folgende Beobachtungen machen:

a) Die Tatsache, daß sich aus den Stoffresten trotz ihrer Fülle und guten Erhaltung keine vollständigen Kleidungsstücke oder Haustextilien zusammensetzen lassen, führt zu dem Schluß, daß gebrauchte Textilien nicht direkt in die Latrinen gelangten, sondern vielleicht auf Altkleidermärkte oder zu Lumpensammlern. Gut erhaltene Bekleidungsstücke wurden vermutlich nach Bedarf geändert. Die geborgenen Stoffstücke sind wahrscheinlich Abfallprodukte aus solchen Kleideränderungen, die nicht mehr benutzt werden konnten.

b) Die hier untersuchten Textilfunde repräsentieren trotz ihres fragmentarischen Zustands charakteristische Züge der Textilverarbeitung und Kleidung des 16. und 17. Jahrhunderts. Bekannte Arbeitstechniken der Zeit, wie Stoffschlitzungen, Brettchenweberei oder Filzherstellung sind durch bezeichnende Beispiele vertreten. Typische Kopfbedeckungen wie Barett, Haarnetze und vermutlich eine Haube liefern weitere Zeugnisse der alltäglichen Bekleidungskultur.

c) Die Qualität vieler Textilfunde, wie Seidendamast, die Brettchenborte und andere feine Gewebe, welche damals zu den kostbarsten zählten, weist auf ein hochwertiges Textilinventar hin. Ein solches war in der Frühneuzeit, als Materialien und Form der Gewänder durch Kleiderordnungen genau geregelt waren, den oberen Ständen vorbehalten (Abb. 171). So verweisen die Reste der wertvollen Textilien des Kornmarkts ebenso wie eine Reihe weggeworfener Hausgerätschaften auf die hohe gesellschaftliche Stellung ihrer Träger. K. S.

Literaturhinweise

J. Arnold, Patterns of Fashion. 1. The Cut and Constructions of Clothes for Men and Women c. 1560-1620 (1985).

M. Flury-Lemberg (Hrsg.), Textil-Konservierung im Dienste der Forschung: ein Dokumentarbericht der Textilabteilung zum zwanzigjährigen Bestehen der Abegg-Stiftung, Schriften der Abegg-Stiftung 7 (1988).

E. Heinemeyer, Zwei gotische Frauenhaarnetze, Waffen-und Kostümkunde 8, 1966, 1, 13ff.

A. Streiter, – E. Weiland, Brettchengewebte Zierborten an Kostümen der spanischen Mode, Waffen-und Kostümkunde, 27, 1958, 13ff.

B. Markowsky, Europäische Seidengewebe des 12. – 18. Jahrhunderts, Kataloge des Kunstgewerbemuseums Köln 8 (1976).

J. Zander-Seidel, Textiler Hausrat. Kleider und Haustextilien in Nürnberg von 1500-1650 (1990).

Eine Tuchplombe

Bei der Tuchplombe vom Kornmarkt handelt es sich um eine gelochte Scheibe aus Blei mit einem Durchmesser von 2,3 cm, die Spuren einer Siegelung aufweist (Abb. 172). Sie gehört zum Typ der Stift-Loch-Plomben, die vom 14. bis zum 17. Jahrhundert auftreten.

Anhand von Rohlingen aus Trier ist das Vorgehen beim Siegeln folgendermaßen zu erklären: der Siegelrohling, bestehend aus einer gelochten und einer mit einem Stift versehenen Scheibe wurde mit dem Stift durch den Stoff gedrückt.

Danach schob man die gelochte Scheibe über den Stift und verband beide Teile mit einer Prägezange.
Die Siegelung nahmen die Weberzünfte vor; sie stellte eine Qualitätsmarke dar. Unter anderem durch strenge Kleiderordnungen war auch die genaue Kontrolle und Schätzung der Stoffe notwendig geworden.
Anhand der Zunftwappen und -siegel lassen sich genauere Aussagen über Herkunft und Herstellungszeit und somit auch über den Handel mit Tuchen machen. Leider ist die Prägung des Heidelberger Stücks nicht zu identifizieren, so daß ein Nachweis für den Handel mit einem bestimmten Ort nicht zu führen ist. A. J.

173 Soldat mit Brustharnisch, Helm, Degen und Spieß; Jacob de Gheym, Wapenhandelinghe, 1607, Bayer. Staatsbibl. München.

Waffenfragmente aus dem Brunnen des Reihenhauses

Der Brunnen an der Nordwand des Reihenhauses wurde vermutlich im 30jährigen Krieg zum Teil mit Trümmerschutt und unbrauchbar gewordenen Gegenständen verfüllt. Unter den ungewöhnlich vielen Metallsachen fanden sich auch einige Waffenteile. Die unterste Schicht enthielt Reste eines Brustharnisches, des Gefäßes eines Degens und eines Hirschfängers. Die Datierung der Schicht durch Münzen – die Schlußmünze datiert in das Jahr 1618 – weist auf einen Zusammenhang mit der Belagerung Heidelbergs durch den bayrischen Feldherren Tilly hin.
Brustharnisch und Schwert bildeten oft in Kombination mit einem Kurzschwert die Grundausrüstung des Fußsoldaten (Abb. 173). Sie gehörten ebenfalls zum gängigen Rüstzeug der Stadtbürger, die neben Bürgerrechten auch die Pflicht der Stadtverteidigung hatten. Viele Stadtverordnungen zeigen, daß vom Bürger gefordert wurde, neben dem sprichwörtlich gewordenen Spieß auch Brustpanzer und Schwert zu stellen und für den Ernstfall bereitzuhalten.
In Heidelberg bestand ebenfalls eine solche Bürgerwehr, die neben Studentenkompanien und dem regulären Militär noch im 17. Jahrhundert die Stadtwälle zu verteidigen hatten. Die Waffen aus dem Brunnen erinnern an die Gewalt und Not des 30jährigen Krieges, die die Bewohner des Kornmarktes zu erleiden hatten.

Von dem Bruststück eines leichten Harnisches hat sich der obere rechte Teil mit Arm- und Halsausschnitt erhalten (Abb. 174). Gegen Ende des 16. Jahrhunderts hatte sich im militärischen Bereich die Tendenz zu immer leichteren Rüstungen durchgesetzt. Schwer gepanzert waren nur noch bestimmte Truppenteile der Reiterei. Insbesondere bei den Fußtruppen war eine umfangreiche Panzerung bei der Handhabung der Gewehre hinderlich. Leichtere Har-

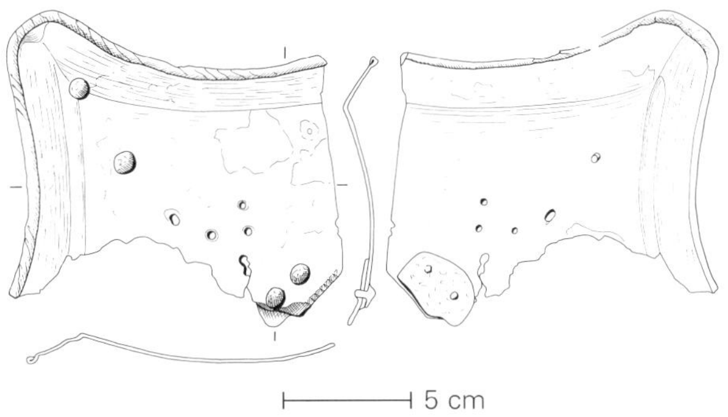

174 Fragment eines Brustharnischs.

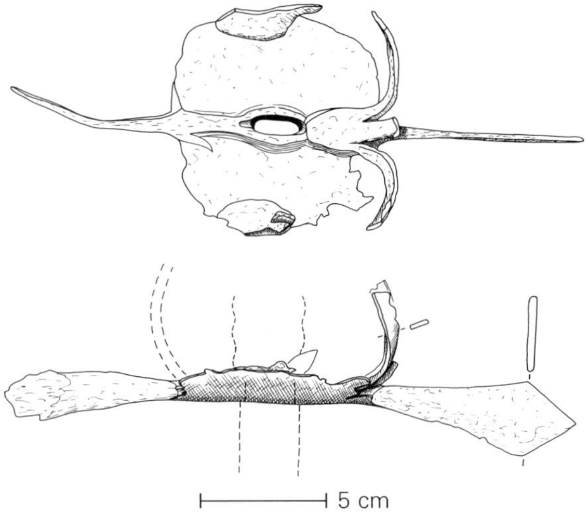

175 Gefäß eines Degens.

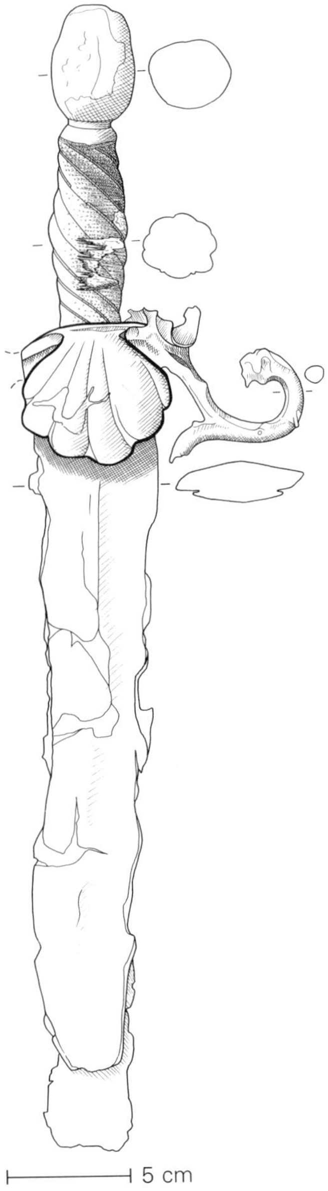

176 Hirschfänger.

nische wurden durch die veränderte Waffentechnik notwendig. Sie waren einfach in großer Stückzahl herzustellen und erfreuten sich daher bei Fußtruppen großer Beliebtheit, da in aller Regel die Ausrüstung auf eigene Kosten besorgt werden mußte.

Von dem Degen haben sich Teile des Gefäßes und des Knaufes erhalten (Abb. 175). Wahrscheinlich wurden nur diese unbrauchbar gewordenen Teile in den Brunnen geworfen. Die ungleich wertvollere Klinge wurde vielleicht weiterverwendet. Der erhaltene Rest besteht aus Vorder- und Hinterarm einer an den Enden in Form von Rauten ausgebildeten Parierstange. Die Mitte ist in Art eines Stichblattes tellerförmig aufgebogen. Von hier führten sechs Ansätze von Parierbügeln nach oben, die in Verbindung mit dem Griff einen Spangenkorb gebildet haben, von dem gleichfalls Teile geborgen wurden.

Der Hirschfänger war sehr schlecht erhalten (Abb. 176). Durch die Restaurierung konnten Teile des Griffes von einer starken Korrosionsschicht befreit werden. Der eichelförmige Knauf ist auf einen hölzernen Griff montiert, der mit tordiertem Bronzedraht umwickelt war. Von der eisernen Parierstange hat sich nur ein Arm erhalten. Die noch ca. 30 cm lange, unten abgebrochene Klinge war durch die Lagerung im Brunnen fast vollständig korrodiert. Durch Tränken mit einer Kunstharzlösung wurde sie gefestigt. Dabei gelang es, Teile der fast vergangenen Holzscheide mit Resten eines Lederriemens zur Befestigung des Wehrgehänges herauszupräparieren.

Waffen dieser Art gehörten im 16. und 17. Jahrhundert zusätzlich zu Schwert und Degen zur gängigen Bewaffnung. Besonders gern verwendete man sie zur Jagd, die sich in gehobenen Kreisen großer Beliebtheit erfreute. Als Jagdwaffe dienten sie dazu, dem angeschossenen Wild den Fangstoß zu geben. Aus diesem Grunde bürgerte sich seit der zweiten Hälfte des 17. Jahrhunderts zunehmend die Bezeichnung „Hirschfänger" ein. A. J. / A. W.

Literaturhinweise

Chr. Beaufort-Spontin, Harnische und Waffen Europas. Bibl. für Kunst und Antiquitätenfreunde 57 (1982).

H. Müller u. H. Kölling, Europäische Hieb- und Stichwaffen (1981).

P. Martin, Waffen und Rüstungen von Karl dem Großen bis Ludwig XIV (1967).

Körper- und Gesundheitspflege

**„Hör mensch, wenn du zu tisch wilt gan,
Dein hend solt du gewaschen han."
(Tischzucht des Hans Sachs, 1534)**

Funde aus verschiedenen Latrinen des Kornmarktes beleuchten einen Ausschnitt der privaten Sphäre von Reinlichkeit, Körper- und Gesundheitspflege. Zu den schlechten Tischsitten zählte es auch im Mittelalter, wenn man sich mit ungewaschenen Händen zum Mahle setzte. Vor und nach dem Essen sollte man sich die Hände reinigen. Dazu gab es Becken, die entweder in einem Waschschrank standen (vgl. Abb. 139) oder direkt am Tisch benutzt wurden. Üblicherweise waren sie aus Metall gefertigt. Eine Besonderheit stellt das formschöne, dem Zeitgeschmack entsprechend aufwendig verzierte Keramikexemplar vom Kornmarkt dar (Abb. 177). Mit Volutenaufsätzen an der abgeflachten Rückseite, die ein bündiges Einschieben in den Waschschrank erlaubte, tordierten Korbhenkeln und einer leuchtenden grünen und gelben Glasur war es ein Schmuckstück für die „gute Stube". Frisches Wasser zum Händewaschen spendete eine im Waschschrank aufgehängte Lavabokanne oder das bei Tisch verwendete Gießgefäß (Aquamanile).

177 Handwaschbecken aus Keramik.

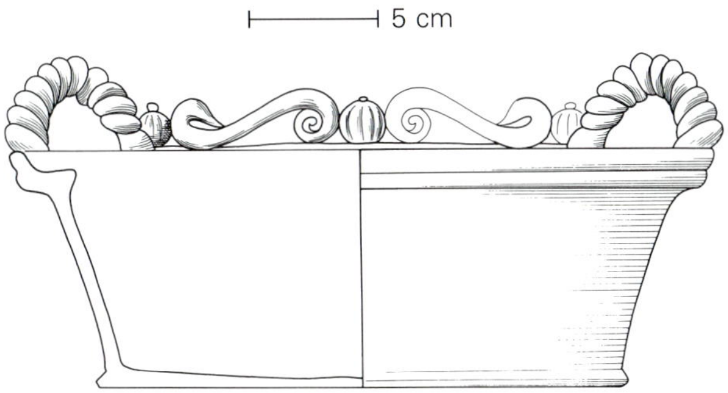

178 Nachttöpfe aus Irdenware und Steinzeug.

„DISER DRINKT VND DOCH KEINEN WEIN."

Wem der nächtliche Gang zur hauseigenen Latrine zu weit und zu unbequem war, der benutzte – auch am Kornmarkt – ein Nachtgeschirr. Das Formenspektrum reicht dabei vom schlichten Topf aus Irdenware bis zum mit gestempelten und plastischen Auflagen geschmückten Steinzeuggefäß. Der einfache gelb glasierte Tonnachttopf (Abb. 178) besitzt einen kräftig ausbiegenden Sitzrand, der mit fingertupfenverzierten Leisten verstärkt ist, so daß er auch bei hoher Belastung nicht herunterbrach! Im 16. und 17. Jahrhundert standen im Schlafgemach aber auch importierte Prachtstücke aus rheinischer und Westerwälder Produktion (Abb. 178). Nicht selten tragen sie launige und humorige Sprüche, wie das Zitat der Über-

179 *Der Doctor; Jost Amman, Ständebuch, 1568; Niedersächsische Staats- und Univbibl. Göttingen.*

180 *Urinalfragmente aus der jüngeren Spitallatrine (Höhe des linken Fragments: 7 cm).*

schrift. Ein blau-weißes Nachtgeschirr aus Westerwälder Steinzeug ist mit dem plastisch aufgelegten Wappen des Würzburger Bischofs Johann Hartmann von Rosenbach (1673- 1675) versehen.

„Wen einer von Krankheit griffen an..."

Seit der Antike war der erste und wichtigste Schritt zur Erkennung einer Krankheit die Diagnose durch Harnschau (Abb. 179). Die für die Uroskopie benutzten Glasgefäße hatten einen kugeligen bis birnförmigen Körper. Der schlankere Hals endet in einer waagerecht ausbiegenden Lippe. Die Wandung war sehr dünn ausgeblasen, so daß trotz der üblichen grünen

181 *Bindegefäße aus Keramik, Bindegläser und vierkantige und zylindrische Abgabefläschchen für Medizin.*

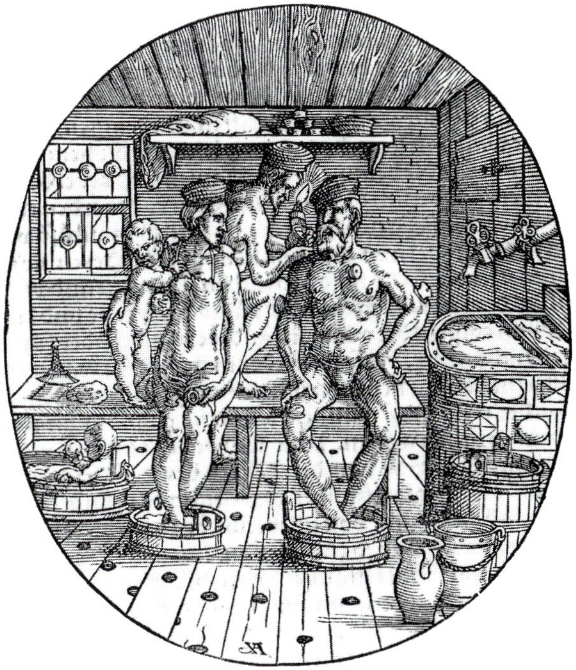

182 Schröpfen in der Badestube; Jost Amman, Titelholzschnitt zu Paracelsus, Wundt- und Arzneybuch, 1565; Bayer. Staatsbibl. München.

Glasfarbe die diagnostische Harnschau gut durchzuführen war. Fast alle der wenigen vollständig erhaltenen Urinale besitzen einen runden Boden, der ein Aufstellen unmöglich macht. Zur Aufbewahrung oder für den Transport zum Arzt brachte man die Gläser in geflochtenen Körben oder Lederbehältern unter. Diese zylindrischen Tragen sind auf zeitgenössischen Abbildungen häufig wiedergegeben. Wegen der funktionsbedingten Dünnwandigkeit erhielten sich in den Kornmarkt-Latrinen keine vollständigen Urinale, sondern nur zahlreiche Hälse mit der charakteristischen Lippe (Abb. 180). Sehr viel seltener fanden sich Fragmente der leicht verdickten Böden.
Im Gegensatz zu den Harnschaugläsern weisen die Bindegläser (Abb. 181) öfter eine kräftigere Farbe auf, auch sind sie in der Regel dickwandiger. Der leicht hochgewölbte Boden gewährt einen sicheren Stand. Eine Verwendung als Nachtgeschirr ist bei diesen Gefäßen wohl auszuschließen, da das Fassungsvermögen zu gering ist. Statt dessen dürften sie als Verwahr- und Verpackungsgefäße für Medikamente, Körperpflege- und Nahrungsmittel gedient haben. Aderlassen und Schröpfen (Abb. 182) waren zum Ableiten „schlechter und überschüssiger Säfte" als vorbeugende und heilende Maßnahmen beliebt. Die Haut wurde dazu entweder mit einem Schröpfeisen geritzt und danach ein Schröpfkopf tief in die Wunde hineingedrückt (sog. blutiges Schröpfen), oder aber man nützte den entstehenden Unterdruck zum Blutentzug aus, indem man einen Schröpfkopf vor dem Aufsetzen auf die unverletzte Haut erhitzte (trockenes Schröpfen). Neben metallenen Schröpfköpfen waren auch solche aus Glas und Keramik (Abb. 183) in Gebrauch. Die kleinen Gefäße besitzen einen flachen oder schwach nach außen gewölbten Boden. Der leicht einziehende, verdickte Rand wurde bei den gläsernen Exemplaren sorgfältig verrundet, damit der Schröpfkopf fest und sicher auf der Haut haftete.

E. H. / Ch. P-G.

Literaturhinweise

K-H. Bartels, Glas in Medizin und Pharmazie. In: Glück und Glas. Katalog Ausstellung Lohr a. M. (1984), 93ff.

F. von Zglinicki, Die Uroskopie in der bildenden Kunst, (1982).

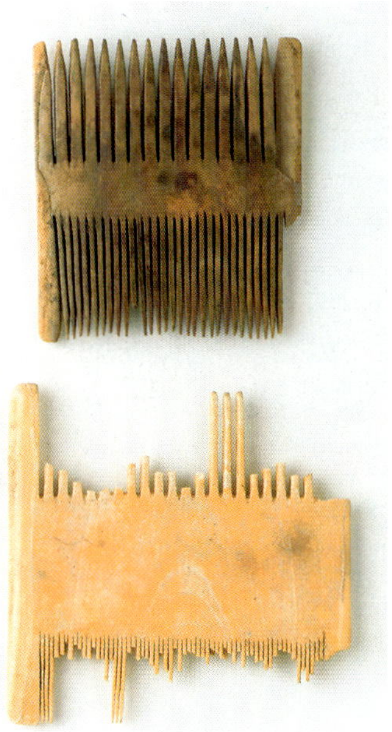

184 Knochenkämme.

183 Schröpfköpfe aus Keramik und Glas.

Die Apotheke am Kornmarkt

Ein ganz außergewöhnlicher Fundkomplex bietet die Gelegenheit, archäologische, pharmazietechnische und historische Aussagemöglichkeiten miteinander zu verbinden. Bei Beginn der Grabung war aus historischen Quellen bekannt, daß in der Nordwest-Ecke des Areals Reste eines Hauses zu erwarten waren, das von der Mitte des 16. bis zum Ende des 17. Jahrhunderts eine Apotheke beherbergte.

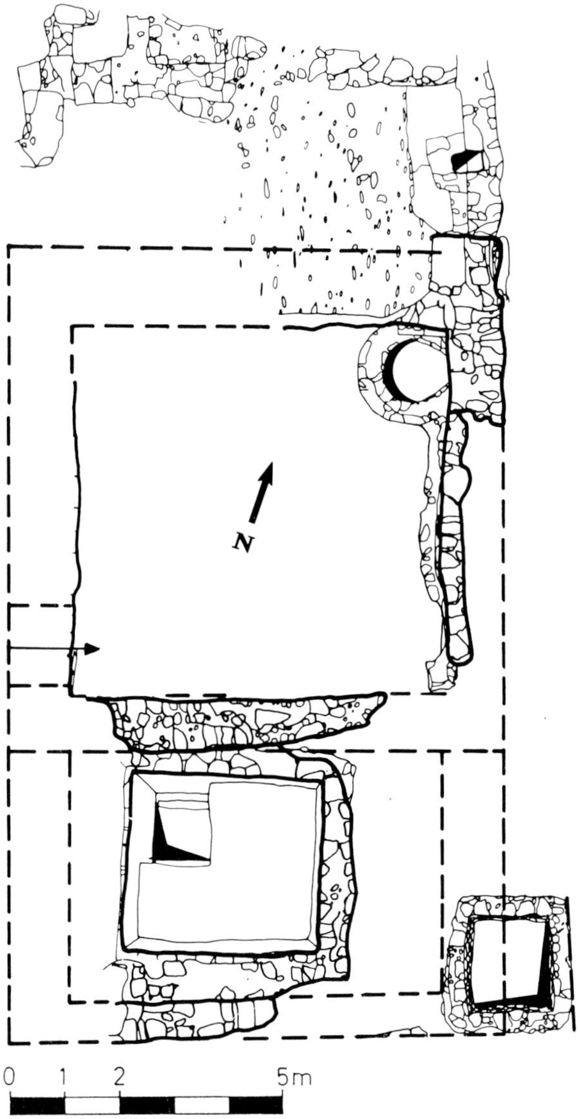

185 Grabungsbefund des Apothekenhauses, in der Nordostecke der Brunnen.

Der Befund

Im Winter 1986 konnten die Reste eines außerordentlich verkehrsgünstig zum Marktplatz und der Hauptstraße hin orientierten Gebäudes dokumentiert werden, das an der heutigen Ecke Oberbadgasse/Hauptstraße stand (Abb. 185). Es hatte eine äußere Grundfläche von ca. 9,30 m x 9,30 m und war von einem Eingang in der Westmauer her zugänglich. Bis zu einem späteren Umbau anläßlich der Einbeziehung in den Hotelkomplex „Prinz Carl" lag es 4,50 m von der Straße zurückversetzt. Im Vergleich zu den anderen Gebäuden am Kornmarkt war das Haus mit einem sehr tiefen, stark fundamentierten Keller versehen.

Die Entstehungszeit liegt spätestens im 15. Jahrhundert, der quadratische Grundriß und der Abstand zwischen Frontwand und Straße in Verbindung mit der Kellertiefe weist möglicherweise auf ein noch älteres Baudatum hin. Den späteren Bauzustand des inzwischen durch einen Anbau erweiterten „Apothekenhauses" im Jahre 1620 zeigt ein Stich von Matthäus Merian (Abb. 186). Die dort angedeutete Steinbauweise und der Baubefund lassen an ein repräsentatives Bürgerhaus denken. Im Erdgeschoß sind die Verkaufsfenster mit Vordach deutlich zu sehen. Bis in das 17. Jahrhundert hinein war es üblich, Kunden nicht innerhalb der Apotheke (Abb. 187) sondern durch ein solches Fenster zu bedienen. Die Lage des Hauses ermöglichte darüber hinaus eine direkte Teilnahme am Marktgeschehen.

Ein 5,50 m x 9,30 m großer Anbau erweiterte die Wohn- und Nutzungsfläche nach Süden hin. Bei dieser Gelegenheit legte man wohl auch den Brunnen und die Latrine C, die „Haushaltslatrine" des Apothekers, an. Sie weist anhand des geborgenen Inventars eine Gebrauchsdauer etwa von der Mitte des 16. bis zum Beginn des 17. Jahrhunderts auf. Der „Apothekenbrunnen" wurde in den Kellerboden einge-

186 Das Apothekenhaus auf dem Stich von Matthäus Merian, 1620; Kurpfälzisches Museum Heidelberg.

tieft und aufgemauert. Stumpf an die Ostwand stoßend stand er bei einem Außendurchmesser von 1,70 und einer Mauerstärke von ca. 40 cm nur noch 1,85 m hoch erhalten bis zum Kellerbodenniveau an. Das weitere aufgehende Mauerwerk war durch den späteren Einbau eines Stützpfeilers gekappt worden. Auf einem inzwischen vergangenen Holzrahmen war der Brunnen aus Buntsandsteinen lagenhaft trocken gesetzt und mit Lehm verfugt. Seine Nutzungsdauer war recht kurz, spätestens zu Beginn des 17. Jahrhunderts wurde er zum Teil mit Gefäßen aus der Apotheke verfüllt. In mehreren Schwemmschichten, die von Bauschutt eines späteren Umbaus und schließlich von Resten des 1978 abgebrochenen Hotels Prinz Carl überlagert wurden, fanden sich einige Knochen, Stoff- und Metallreste, Fragmente eines Straußeneies und Menschenhaare. Vor allem aber zahlreiche Irdenware-, Steinzeug-, Glas- und Fayencefragmente, die zu rund 200 Gefäßen zusammengesetzt werden konnten.

Zur Zeit können über den Grund, aus dem die Stücke in den Brunnen gelangten, nur Vermutungen angestellt werden. Möglich wären zum Beispiel Beanstandungen des Gefäßinhaltes bei einer Apothekenvisitation oder ein Besitzerwechsel. Die Analyseergebnisse der in manchen Salbtöpfen und Fläschchen vorhandenen Arzneireste stehen noch aus.

Die Funde – Material und Funktion

Die Menge und Variationsbreite der archäologisch geborgenen Apothekengefäße ermöglichen es, einen Überblick über die in Südwestdeutschland am Ende des 16. Jahrhunderts gebräuchliche Einrichtung einer Apotheke zu geben, deren Bild bisher meist von prunkvollen Einzelstücken aus dem Kunsthandel geprägt wurde. Das Formenspektrum zeigt einen

187 Offizin einer Apotheke; Kupferstich; German. Nationalmuseum Nürnberg.

Schwerpunkt auf speziellen Zubereitungs-, Abgabe- und Aufbewahrungsgefäßen. Dazu kommen Gefäßtypen, die sonst eher als Haushaltskeramik angesprochen werden, hier aber wohl zum großen Teil in den Arbeitsbereich der Apotheke gehören. Bei der zur Zeit noch andauernden Auswertung des Fundkomplexes zeichnet sich eine Laufzeit des Materials von der zweiten Hälfte des 16. bis zum Beginn des 17. Jahrhunderts ab.

Irdenware

Die Gefäße aus Irdenware (Abb. 188) sind oxydierend gebrannt und weisen einen im Bruch meist hell sandfarbenen Scherben auf. Um ein Eindringen der aufbewahrten Substanzen in den porösen Scherben zu verhindern, wurden sie mit einer Glasur versehen. Die schädlichen Auswirkungen dieses bleihaltigen Überzuges auf die Qualität der Arznei und die Gesundheit der Patienten waren im 16. Jahrhundert bereits in Ansätzen bekannt. Bis auf einige innen dunkelgrüne Stücke ist die gesamte Irdenware auf der Innenseite gelbstichig-transparent glasiert. In Verbindung mit dem Ton wirkt dies hell- bis dunkelgelb. Die Außenseite blieb meist bis auf einige Spritzer unglasiert oder ist mit einer dunkelgrünen Glasur versehen.

188 Apothekenbrunnen; Gefäße aus Irdenware.

Der größte Teil des irdenen Fundgutes besteht aus Arzneiabgabegefäßen, den „Salbtöpfen" (Abb. 189). Von den 72 geborgenen, innen gelb glasierten Stücken ist über die Hälfte auch außen mit einer grünen Glasur überzogen. Sonst unterscheiden sie sich in der Gestaltung kaum voneinander. Diese meist für zähflüssige Arzneien verwendeten Abgabegefäße wurden mit Leder, Stoff oder gewachstem Papier verschlossen. Der Binderand ermöglichte ein Zuschnüren des Verschlusses. Mit einem Etikett versehen, das Inhaltsbezeichnung, Gebrauchsvorschrift und Namen des Kunden zeigte, war das Arzneigefäß verkaufsfertig. Apothekenordnungen einiger Städte schrieben seit dem 16. Jahrhundert vor, daß die „gemeinen irdenen Tiegel" nur an ärmere Patienten abgegeben werden durften. Höher gestellte Personen mußten die Arznei in ähnlich geformten Töpfchen aus Fayence ausgehändigt bekommen. In manchen Städten waren diese Gefäße sogar mit einem Pfand belegt, das zur Rückgabe anreizen sollte.

Die seit dem späten 13. vereinzelt und im 14. Jahrhundert regelhafter eingeführten Apothekenordnungen der Städte verpflichteten die Apotheker zur Verwendung bestimmter Rezeptbücher. In diesen werden auch Hinweise zur Beschaffenheit der Zubereitungs-, Aufbewahrungs- und Abgabgefäße gegeben. Henkeltöpfe, Dreibeinpfannen und Vorratstöpfe werden dort genannt. Auf zeitgenössischen Abbildungen, so zum Beispiel bei D. Teniers (Abb. 190)

189 *Apothekenbrunnen; Salbtöpfe.*

findet sich im Laborbereich die gängige Haushaltsware. So kann davon ausgegangen werden, daß die aus dem Brunnen geborgenen Henkel- und Dreibeintöpfe, sowie die Schüsseln und bichromen Töpfe auch im Apothekenbereich verwendet wurden.

Steinzeug

Gefäße aus diesem Material wurden wegen ihrer Säurebeständigkeit auch im Apothekenbetrieb sehr geschätzt. Hieronymus Brunschwig gibt 1512 in seinem Buch „Liber de arte distillandi de Compositis" ebenso wie andere zeitgenössische Autoren den Rat, neben gläsernen auch keramische Destillationsgeräte wie „Cucurbitae" aus Siegburg zu verwenden. Der Fund eines Retortenbruchstückes aus Steinzeug im Inventar der Ratsapotheke Lübeck belegt die Verwendung dieses Materials. Trotzdem bleibt zu bedenken, daß voll durchgesintertes Steinzeug im Vergleich zu hartgebranntem Faststeinzeug die im Laborbetrieb auftretenden Temperaturwechsel schlechter verträgt.
Zum Fundspektrum gehören Trink- Schenk- und Apothekengefäße aus Siegburg, Köln-Frechen und wenige Scherben von Westerwälder Steinzeug. Aus Siegburg stammt das einzige datierte Stück des Fundkomplexes, von dem leider nur eine große

190 *Apothekenlabor; D. Teniers, L'Alchimiste; Bibliothèque Nationale Paris.*

Wandscherbe mit Randprofil erhalten blieb, die Fuß- und Bodenbildung ist unklar. Es handelt sich um ein zylindrisches Gefäß mit leicht einziehender Wandung und Falzrand (Abb. 192). Eine Auflage mit dem kurpfälzisch-hessischen Allianzwappen ziert die obere Hälfte. Zu erkennen sind die Jahreszahl 1578, die Initialien „E-P-C" als Kürzel für Elisabeth Pfalzgräfin Churfürstin, und die Abkürzung „I-T-G-A" für deren Devise „Ich traue Gott alle Zeit". Sie war die Tochter des Landgrafen Philipp von Hessen und mit Ludwig VI. verheiratet, der von 1576-1583 in Heidelberg als Kurfüst regierte und in dieser Zeit das Luthertum wiedereinführte. Seine Initialien „L-P-C" und das abgekürzte Motto „A-D-Z" für „All ding zergenglich" befanden sich wahrscheinlich auf dem fehlenden Teil des Wappens. Es ist davon auszugehen, daß dieses Gefäß vom Kurfürstenpaar an den Apothekenbesitzer verschenkt wurde. Aus Stadtrechnungen einiger Städte sind die Ausgaben für derartige Steinzeuge bekannt, die als Geschenke für angesehene Bürger vorgesehen waren.

191 Apothekenbrunnen; Steinzeuggefäße.

Köln-Frechen

Von hier stammen wahrscheinlich mehrere einfache Vorratstöpfe (Abb. 191) mit hellbraun gesprenkelter Oberfläche, ein Nachttopf, sowie ein braun engobierter, salzglasierter Krug (Abb. 191). Die Bauchzone ist, typisch für das letzte Drittel des 16. Jahrhunderts, durch ein horizontales Ornamentband betont, das oben und unten von Arkanthusblättern und Portraitmedaillons begleitet wird. Auch am Hals sind Auflagemedaillons angebracht.

Fayence

Eine echte Sensation stellen die Apothekenfayencen dar, die als Schau- und Aufbewahrungsgefäße im Verkaufsbereich der Stadtapotheke standen. Beim derzeitigen Stand der Bearbeitung ist davon auszugehen, daß sie aufgrund der Form und Ausführung des Dekors deutscher Provenienz sind. Aus dem 16. Jahrhundert sind bisher nur sehr wenige, meist aus dem Kunsthandel stammende, in Sammlungen und Museen verwahrte Apothekengefäße erhalten geblieben, deren Herstellung in Deutschland vermutet wird. Nachweise für Manufakturen gibt es für diese Zeit bisher nicht. Der im Germanischen Nationalmuseum in Nürnberg aufbewahrte Albarello mit der Jahreszahl 1544 gilt als das älteste Stück dieser Provenienz.

Nun kann der bekannte Bestand deutscher Apothekengefäße um acht Albarelli (Standgefäße), von denen zum Teil die Deckel erhalten blieben, und mehrere kleine Salbtöpfe erweitert werden (Abb. 192). Die archäologische Bergung der Fayencen ermöglichte durch den Fundzusammenhang eine Datierungseinengung von der zweiten Hälfte des 16. bis zum Anfang des 17. Jahrhunderts. Zusätzlich reizvoll ist die dadurch mögliche Zuweisung zum Inventar der Heidelberger Stadtapotheke.

Der Dekor der Albarelli ist recht einheitlich – kobaltblaue Blattranken auf graphisch aufgeteilter weißer Oberfläche, wenige Stellen sind mit Malachitgrün

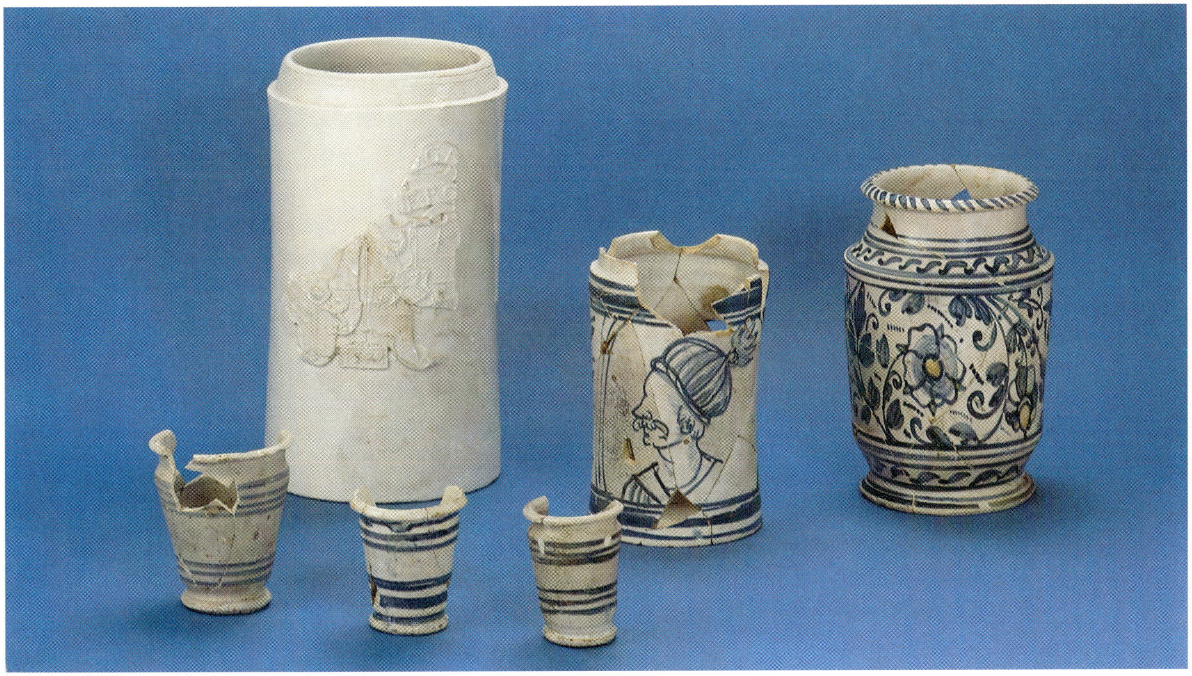

192 Apothekenbrunnen; Apothekenstandgefäße und Albarelli aus Steinzeug und Fayence.

und Gelb betont. Ein besonders schönes Stück ist der Apothekentopf mit dem Bild eines Mannes (Abb. 192). Nach italienischem Vorbild in ein Medaillon gefaßt, wird er im Profil gezeigt. Für ein der Form nach ähnliches Gefäß, das im Germanischen Nationalmuseum Nürnberg aufbewahrt wird und das mit der Jahreszahl 1583 versehen ist, nimmt man ebenfalls deutsche Herkunft an. Albarelli dienten der Aufbewahrung von wertvollen Arzneimitteln wie dem Theriak, einem beliebten und teuren Allheilmittel. Es war aus bis zu 60 Zutaten zusammengesetzt, unter anderem Opium, Vipern und zahlreichen Mineralien. Mit Honig versetzt hielt es sich länger und schmeckte wohl auch besser.

Eine Sonderform stellt die einmalige Fußschale aus Fayence dar, deren Form einer Metallschale nachempfunden ist (Abb. 193). Anstelle der üblichen weißen wurde hier eine hellblaue Glasurfarbe gewählt. Die Innenseite ziert das Bild eines kobaltblau gemalten Ochsen, der auf einer Wiese steht. Das Motiv ist aus dem späten 16. Jahrhundert auch als Holzschnitt bekannt. Auch für dieses Einzelstück scheint eine Herstellung in Deutschland wahrscheinlich, kann aber noch nicht nachgewiesen werden. In der Apotheke könnte sie als Schale für Süßigkeiten gedient haben, die damals so wertvoll waren, daß Apotheker

193 Apothekenbrunnen; blaue Fayencefußschale.

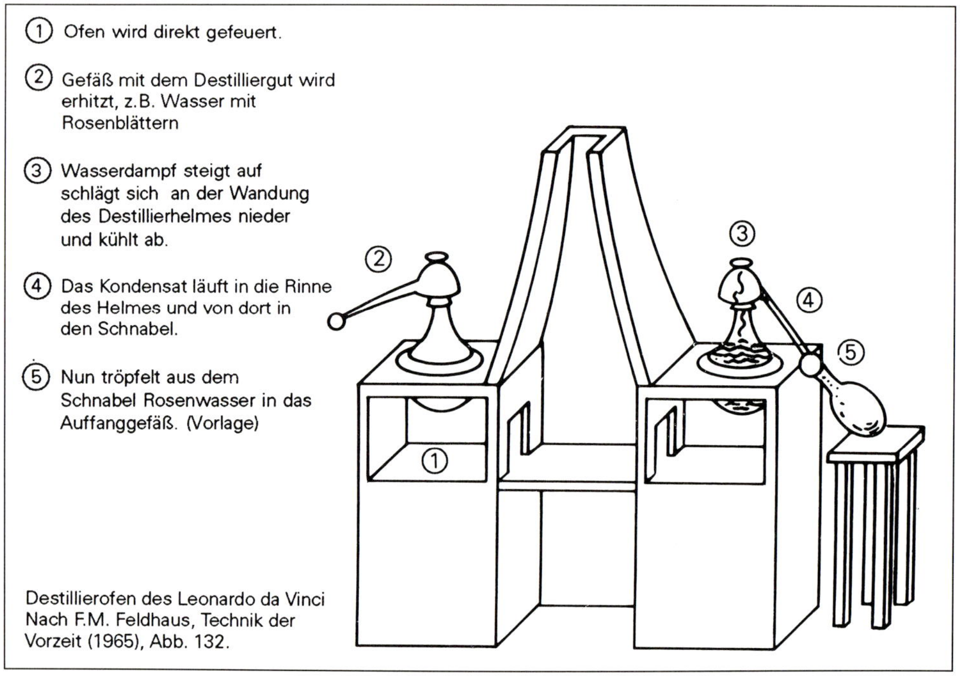

194 Destilliervorgang.

in manchen Städten ihre Steuerschuld nicht durch Geld, sondern mit Konfekt beglichen!

Glas

Glasgefäße, die vom Inhalt „nit durchdrungen noch angefressen" werden konnten, das heißt als reaktionsneutral galten, eigneten sich für die Zubereitung und Abgabe von Arznei besonders gut. Überlieferte Inventarlisten einzelner Apotheken zeigen, daß meist die Hälfte aller vorhandenen Gefäße aus diesem Material gefertigt waren. Dies spiegelt sich auch im Fundspektrum wider – mehr als die Hälfte der geborgenen Stücke sind aus Glas. Bis auf wenige teils aufwendig gestaltete Tafelgläser sind die meisten dem Arbeits- und Abgabebereich zuzuordnen.
Der größte Teil war aus entfärbter hell- bis mittelgrüner Glasmasse hergestellt. Dunkelgrüne Färbung wiesen vor allem verschiedene Flaschentypen auf, die der Bevorratung dienten. Eine im 16. Jahrhundert bereits gängige Form der Arzneiherstellung war die Destillation, die sich auch im privaten Bereich großer Beliebtheit erfreute (Abb. 194).
Aus dem Brunnen wurden Fragmente von einigen Destillierhelmen geborgen (Abb. 195). Zum Teil waren sie mit einem „Knopf" versehen, an dem die Auffanggefäße für das Destillat mittels einer Schnur befestigt werden konnten. Die Verwendung von gläsernem Destilliergerät entsprach einer Vorschrift der meisten Apothekenordnungen seit dem späten 16. Jahrhundert. Die Nürnberger Ordnung des Jahres 1555 weist zum Beispiel ausdrücklich darauf hin, daß „allein der gleser zum prennen der Wasser" zu benutzen seien, da in metallenen Gerätschaften hergestellte Arzneien „den Menschen im Leib schedlich sein".
Das Fundspektrum zeigt mit Flaschen (Abb. 196), Fläschchen (Abb. 197), Bindegläsern (Abb. 196) und weitmundigen Vorlagegefäßen (Abb. 195) verschie-

◁ *195 Apothekenbrunnen; Mörser und Kolben, Trichter, Vorlage und Destillierhelm aus Glas.*

196 Apothekenbrunnen; Flaschen und große Bindegläser.

densten Größen einen typischen Querschnitt der gläsernen Arbeits- und Abgabegefäße von Apotheken. Im archäologischen Zusammenhang sehr selten sind Trichter aus Glas. Aus dem Brunnen konnten zwei fast vollständige Exemplare aus hellgrüner Glasmasse geborgen werden (Abb. 195). Ein ganz besonderes Stück stellt der vollständig erhaltene Mörser mit zwei abgeflachten teils gekniffenen Henkeln aus dunkelgrünem Waldglas dar (Abb. 195). Er diente wohl dem feinsten Zerreiben von Substanzen, die nicht mit Metall in Berührung kommen durften.

Die Stadtapotheke der Familie Fettich

Der archäologische Befund konnte mit überlieferten Quellen der Stadtgeschichte in einen lebendigen Zusammenhang gestellt werden. Auf diese Weise war es möglich, die aus dem Brunnen geborgenen Stücke aufgrund ihrer mit archäologischen Methoden gewonnenen Datierung dem Inventar der Heidelberger Stadtapotheke und deren Besitzern, der aus historischen Quellen belegten Familie Fettich, zuzuweisen. Ihr Name erscheint erstmals 1543. Zu dieser Zeit muß der aus Kaiserslautern stammende Ezechias Fettich (im Folgenden Ezechias Fettich I. genannt) schon länger in Heidelberg gelebt haben, da er als Ratsmitglied genannt wird. Für dieses Amt wurden vom Stadtrat nur Bürger vorgeschlagen, die sich bereits in Gemeindeangelegenheiten bewährt hatten. In der Regel galt die Ernennung auf Lebenszeit. Die endgültige Entscheidung über die Amtsvergabe hatte der Kurfürst. Im Jahre 1569 war Ezechias I. sogar Bürgermeister,

197 Apothekenbrunnen; flache Vierkantflasche, doppelkonische Flaschen, Flasche mit Henkelösen und Abgabefläschchen.

ein deutlicher Hinweis auf seine angesehene Stellung und vor allem auf eine große Finanzkraft. Denn mit diesem auf zwei Jahre befristeten ehrenvollen Amt, in das man häufig erneut berufen wurde, waren neben Vorteilen, wie Freistellung vom Wach- und Frondienst, Schatzungsfreiheit und natürlich dem Prestigegewinn, auch erhebliche finanzielle Aufwendungen verbunden. Ezechias I. war allerdings kein Ausnahmefall in seinem Beruf. Aus vielen Städten sind Beispiele bekannt, in denen Apotheker ihren Heilberuf mit Ehrenämtern verbanden und somit zu hohem Ansehen gelangten.

Ermöglicht wurde dieses Engagement wohl durch seine Herkunft und die Einnahmen aus dem Apothekenbetrieb. Nicht nur der Verkauf von Arznei, auch ein rentabler Nebenhandel mit Gewürzen, Spirituosen, Früchten, Papier, Petroleum, Tinte, Siegellack, Parfümerien, Seifen und vielem anderen ermöglichte ein gutes Einkommen. Auch an den Funden der „Haushaltslatrine", aus der zahlreiche überdurchschnittlich qualitätsvolle Einzelstücke aus Glas stammen, zeigt sich, daß die Familie Fettich recht wohlhabend war.

Neben seinen öffentlichen Ämtern war Ezechias I. in erster Linie Apotheker (Abb. 198). Dieser Beruf hat sich in Deutschland erst an der Wende zum 14. Jahrhundert herausgebildet. Im Gegensatz zum akademisch gebildeten Arzt betrieb er ein Handwerk. Art und Dauer der Ausbildung der Heidelberger Apotheker sind aus Quellen nicht überliefert. Es ist aber davon auszugehen, daß eine meist fünf bis sechs Jahre dauernde Lehre und die sich daran anschließende Gesellenzeit mit einer Lateinprüfung und der Zubereitung einer komplizierten Arznei (Meisterstück) abgeschlossen wurde. Alles, was ein Apotheker während der Ausbildung im rauchgeschwängerten Labor und bei schwerer Arbeit am Mörser über die Anwendung von pflanzlichen, mineralischen und tierischen Drogen in der Heilkunde lernte, war abgestimmt auf die aus der Antike stammende Vier-Säfte Theorie Galens (129-198 n. Chr.) und geprägt von Astrologie, Alchimie und ein wenig Magie.

Mit dem Beruf kamen auch gesetzliche Regelungen. Aus dem Jahre 1471 stammt die älteste überlieferte Apothekenordnung Heidelbergs. Sie enthielt unter anderem Vorschriften über die zu verwendenden Rezeptbücher, legte die Verkaufspreise fest und verlangte die Anwesenheit eines Arztes bei bestimmten Arzneizubereitungen. Das Monopolverkaufsrecht der Apotheker für manche Dinge wie „Rheubarbarum", aber auch für „Arsenicum" und „Opium" und damit die Abgrenzung zur Konkurrenz, den „Worczkremern", wurde darin ebenfalls angesprochen.

Die regelmäßige Überprüfung (Visitation) des Labors, der Materialkammern und der Offizin sollte in Heidelberg von einer Kommission der medizinischen Fakultät vorgenommen werden, wurde aber sehr nachlässig gehandhabt. Für Heidelberg fehlen die Ergebnisberichte solcher Visitationen, Ratsprotokolle aus anderen Städten zeugen von unbrauchbar gewordenen Arzneimitteln und Etikettenschwindel. Solche Untersuchungen dauerten vielfach mehrere Tage und stürzten den Apotheker meist in große Unkosten. Es war zwar untersagt, die Kommission mit Speis' und Trank zu versorgen, doch konnte dies den abschließenden Bericht durchaus positiv beeinflussen.

Ab wann Ezechias I. mit seiner aus Worms stammenden Frau Anna Moß und seinen Kindern in dem Eckhaus am heutigen Kornmarkt wohnte, ist bis jetzt nur auf einen Zeitraum von rund 20 Jahren einzugrenzen. Im Jahre 1556 wird in der Verkaufsurkunde des Spitalgeländes „Hans Meier, Plattner" noch als Besitzer genannt, 1574 aber bereits „Ezechias Fettich, Apotekker". Innerhalb dieser Zeit muß also die zweitälteste Apotheke Heidelbergs eröffnet worden sein. Darauf weist auch ein verlorengegangener Kaufbrief, in dem Ezechias I. genannt wird, hin. Er soll allerdings aus dem Jahre 1555 stammen, einer Zeit also, in der Ezechias I. nachweislich noch nicht in diesem Haus wohnen konnte. Ob er schon vorher in einem anderen Gebäude eine Apotheke führte, ist aus den Quellen nicht zu ersehen. Da er schon vor der Mitte des 16. Jahrhunderts in Heidelberg mit einigem Grundbesitz ansässig war, könnte erwogen werden, daß er bereits seit dieser Zeit an einem anderen Platz in Heidelberg eine Apotheke betrieb. Lange vor der Mitte des 16. Jahrhunderts allerdings ist dies kaum möglich, denn noch am Anfang des 16. Jahrhunderts hatte die zu Beginn des 14. Jahrhunderts gegründete Hofapotheke ein „Privilegium exclusivum", das besagte, daß „noch gegen 2 Meil wegs herumb bis aufs Jahr 1500 und etlich und zwanzig kein ferner Apothek" sich in Heidelberg ansiedeln durfte.

Als Ezechias I. im Jahre 1581 starb, übernahm sein Sohn, Ezechias II., das Geschäft und folgte ihm auch in den Ämtern. Als Ratsmitglied übernahm er am „Schwörtag", an dem den Ratsherren eine Anzahl meist jährlich wechselnder Posten übertragen wurden, das Amt des „Aupflegers" im Schlierbacher Gutleuthof, von dem sich heute nur noch die 1430 gestiftete Kapelle erhalten hat. Den Bewohnern dieses Sondersiechenhauses schenkte er einen Brunnentrog mit der Inschrift „1590, Ezechias Fettich". Rund 300 Jahre stand er dort, bis er beim Bau des Schlierbacher Bahnhofes im Jahre 1886 zerschlagen wurde.

Ein direkter Bezug Fettichs zur Universität, wie ihn zum Beispiel Hofapotheker Philipp Stephan Sprenger hatte, ist nicht nachzuweisen. In gelehrten Kreisen war Ezechias II. allerdings kein Unbekannter. Seine lobende Erwähnung in dem zwölfbändigen Lebenswerk des berühmten Arztes und Professors der Medizin an der Universität Heidelberg, Henricus Smetius (1537-1614), der ein Schüler des Arztes und Humanisten Thomas Erastus war, legt davon Zeugnis ab.

Die Besitzer der Stadtapotheke lebten in einem unru-

198 Der Apotecker; Jost Amman, Ständebuch, 1568; Niedersächsische Staats- und Univbibl. Göttingen.

higen Jahrhundert, geprägt von Kriegen, dem neuen Einfluß des Humanismus und den Wirren der Reformation. Deren prominentestes „Heidelberger" Opfer, der Ladenburger Superintendent Sylvan, wurde auf Befehl Friedrichs III. (1559-1576) im Jahre 1572 vor dem Rathaus, also beinahe vor der Haustür der Fettichs, enthauptet. Inwieweit sie auch von den weitreichenden Veränderungen an der medizinischen Fakultät, ausgelöst durch die „Reformatio" der Universität unter Kurfürst Ott-Heinrich (1556-1559) betroffen wurden, ist schwer zu sagen. Sie blieben sicherlich nicht unbeeinflußt von den dort geführten Kontroversen über die Theorien des Arztes Theophrastus Bombastus von Hohenheim, genannt Paracelsus, der mit den seit anderthalb Jahrtausenden gültigen Theorien der Heilkunde brach und den Zorn vieler renommierter Kollegen auf sich zog. Kontakt zu den „Scholaren" der Universität bestand durch eine neue Vorschrift im Zuge der medizinischen Reformation der Fakultät: die Apotheker wurden verpflichtet, den Studenten zur praktischen Ergänzung des Lehrstoffes einmal im Jahr ihre Arzneidrogen zu zeigen. Eine der letzten Nennungen von Ezechias II. findet sich auf einer Gedenktafel aus dem Jahre 1601, die an den Ausbau der Vorstadtbefestigungen (südlich der Plöck zum Gaisberg hin) in seiner Amtszeit als Bürgermeister erinnert. Wer nach seinem Tod um 1610 die Apotheke übernahm, ist, da die Auswertung der Quellen noch nicht abgeschlossen ist, bis jetzt nicht genau zu sagen. Der Sohn aus erster Ehe, Ezechias III. könnte zusammen mit seiner Halbschwester, der aus der dritten Ehe stammenden Anna Catharine, die einen Apotheker heiratete, das Geschäft weitergeführt haben. Erst 1633 wird ein neuer Besitzer genannt, Dionysius Paarmann. In den Händen seiner Familie blieb das Geschäft bis in das Jahr 1701.

E. H.

Literaturhinweise

H. P. Conradi, Apothekengläser im Wandel der Zeit (1973).

D. Cowen, u. a., Die Geschichte der Pharmazie in Kunst und Kultur (1990).

A. Falk, Archäologisches Material aus der ehemaligen Ratsapotheke zu Lübeck. Rotterdam Papers IV, 1982, 35ff.

W.-H. Hein, D. A. Wittop Koning, Deutsche Apotheken-Fayencen (1977).

U. Kranzfelder, Zur Geschichte der Apothekenabgabe- und Standgefäße aus keramischen Materialien unter besonderer Berücksichtigung der Verhältnisse in Süddeutschland vom 18. bis zu beginnenden 20. Jahrhundert (1982).

G. Pfeiffer, Technologische Entwicklung von Destilliergeräten vom Spätmittelalter bis zur Neuzeit (1986).

Sonnenuhr und Stundenglas

Zeitmessung mit Kleinuhren

Lange Zeit genügte es dem Menschen, seinen Tagesablauf durch die Jahreszeiten und das Tageslicht zu gliedern. Doch bereits in der Antike existierten neben den Wasseruhren die Sonnenuhren, mit denen man Zeit messen konnte. Die ersten Sonnenuhren bestanden vermutlich nur aus einem Stab, der in die Erde gesteckt und an dessen Schattenlänge die Tageszeit abgelesen wurde. Die an Gebäuden oder auf Plätzen angebrachten Uhren regelten durch ungefähre Angaben der Tageszeit das öffentliche Leben. Daneben gab es schon sehr früh kleine tragbare Sonnenuhren, wie einige Funde aus Ägypten und dem römischen Reich belegen.

199 Der Mathematiker Nikolaus Kratzer mit einer polyedrischen Sonnenuhr; Hans Holbein d. J., Louvre, Paris.

Ab dem 14. Jahrhundert können Sanduhren, Feueruhren und Räderuhren nachgewiesen werden. Letztere gewannen schnell an Bedeutung, obwohl sie bis zu einer Stunde nach- oder vorgingen. Die ersten kleinen Räderuhren entstanden im 16. Jahrhundert. Zu ihrer Justierung (richtigen Einstellung) wurden besonders die Sonnenuhren herangezogen. Diese hatten bereits im Mittelalter ein handliches Format erhalten und wurden durch neue astronomische Erkenntnisse immer präziser. Sie erreichten ihre Blütezeit im 15./16. Jahrhundert.

Die Möglichkeit, Zeit mit immer exakter arbeitenden Instrumenten individuell zu bestimmen, wurde von humanistischen Gelehrten (Abb. 199), Advokaten, ja selbst Handwerkern und Händlern genutzt, von jenen Berufs- und Bevölkerungsgruppen also, deren Tagesablauf zunehmend nach verläßlicher Terminierung verlangte.

Sonnenuhren

Das Prinzip der Sonnenuhr beruht auf dem sich im Tagesverlauf ändernden Sonnenstand und der Tatsache, daß der um zwölf Uhr Mittag geworfene Schatten am kürzesten ist. Die praktische Umsetzung dieser Gegebenheit führte zur Konstruktion der noch heute bekannten Sonnenuhren. Sie besteht aus einem Schattenwerfer (Gnomon oder Polos) und einer schattenempfangenden Fläche (Zifferblatt). Die Ausrichtung des Zifferblattes kann senkrecht, parallel zur Erdachse oder horizontal erfolgen. Dabei ergeben sich prinzipiell drei Typen von Uhren: Vertikal-, Äquatorial- und Horizontaluhren.

Besonders hervorzuheben sind die Reisesonnenuhren, die an verschiedenen Orten benutzt werden konnten (Abb. 200 und 201). Sie besaßen einen Kompaß zum Bestimmen der Himmelsrichtung und regelbare Schattenwerfer bzw. Zifferblätter für den jeweiligen Längengrad. Bei Horizontal- und Vertikaluhren werden seit dem 15. Jahrhundert der Schattenstab parallel zur Erdachse und die Stundenlinien auf dem Zifferblatt unregelmäßig angeordnet. Diese Neuerungen resultieren unter anderem aus der Erkenntis, daß die Erdachse nicht senkrecht zur Erdumlaufbahn steht, sondern in einem bestimmten Winkel. Man stellte ebenfalls fest, daß der magnetische Nordpol nicht mit dem geographischen übereinstimmt. Diese Mißweisung wird ab dem 15. Jahrhundert auf dem jeweiligen Kompaß vermerkt. Alle diese wissenschaftlichen Entdeckungen ermöglichten es, daß Sonnenuhren gefertigt wurden, die auf die Viertelstunde genau gingen. A. J.

Sanduhren

Erst seit dem 14. Jahrhundert läßt sich in Europa der Gebrauch von Sanduhren nachweisen. Ursprünglich waren die recht genau arbeitenden Zeitmesser im religiösen Umfeld angesiedelt. Sie halfen zum Beispiel Mönchen, die Stunden für Andacht und Gebet entsprechend den Klosterregeln einzuhalten. Inventare belegen ihre Verwendung seit dem späten Mittelalter auch in profanen Haushalten der Oberschichten. Gelehrten wurden sie auf zahlreichen bildlichen Darstellungen als Attribut beigegeben, um die bedeutende Rolle von Maß und Disziplin bei der Ergründung wissenschaftlicher Probleme zu unterstreichen. In Kirchen standen sie neben dem Pfarrer auf der Kanzel, damit er die Predigt nicht über Gebühr in die Länge zog. Schließlich gemahnen die unaufhaltsam rinnenden Sanduhren auf den Vanitas-Stilleben des 16. und 17. Jahrhunderts an die Vergänglichkeit allen menschlichen Tuns.

Aus den Kornmarkt-Latrinen wurden mehrere Fragmente kleiner beutelförmiger Fläschchen mit breiter, waagrecht ausbiegender Lippe geborgen, die vermutlich einst zu Sanduhren gehörten. Die Konstruktion der Sanduhr änderte sich im Lauf des Mittelalters nur wenig. Zwei Fläschchen mit dünn ausgeblasener Wandung wurden Mündung gegen Mündung aufeinandergesetzt. Zuvor war eines der Gefäße mit einer feinkörnigen Substanz wie Sand, Zinn- oder Bleischrot oder auch feingestampften Eierschalen gefüllt worden. Eine kleine Metallscheibe mit einem Loch in der Mitte wurde zwischen die beiden Fläschchen geschoben. Damit war garantiert, daß trotz der unvermeidlich variablen Halsweite der freigeblasenen Fläschchen die Füllung gleichmäßig durchlief. Die Kontaktstelle wurde mit Wachs oder Pech versiegelt

200 Sonnenuhrfragment vom Heidelberger Kornmarkt.

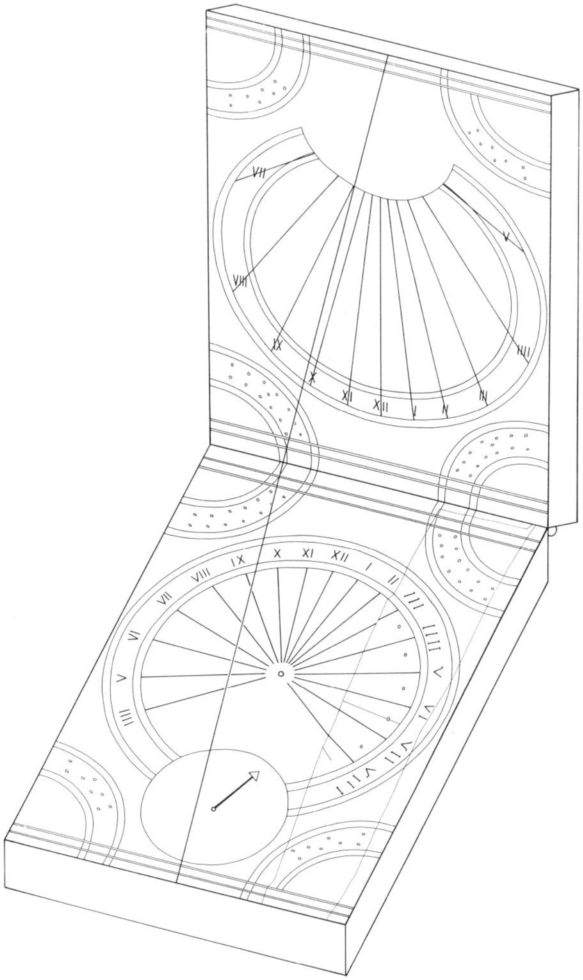

201 Mögliche Rekonstruktion des aus Heidelberg stammenden Bruchstücks als Reisesonnenuhr, bestehend aus Vertikal- und Horizontaluhr. Das am Kornmarkt gefundene Fragment stellt wohl einen Teil dieses Uhrentyps dar. Es handelt sich dabei um ein 6,7 cm langes, 1-1,4 cm breites, 0,1-0,2 cm dickes Knochenstück, auf dem das Ziffernblatt eingeritzt ist. Die Anordnung der Zahlen läßt eine Deutung als Horizontaluhr zu. Die Kleinheit des Fragmentes und die Lage der Bruchstellen erschweren eine eindeutige Zuordnung, da sich nicht genau feststellen läßt, ob die Gradeinteilung der Stundenlinien unregelmäßig, wie für Horizontaluhren oder, wie für Äquatorialuhren üblich, regelmäßig ist.

und die Fuge mit einem Kragen aus Leder, Stoff oder Pergament zusätzlich verschlossen. Das Gehäuse, das die Gläser vor dem Zerbrechen bewahrte, war aus Metall, Holz oder Elfenbein gefertigt (Abb. 203) und bei einigen besonders schönen Stücken aufwendig dekoriert. Sanduhren messen je nach Größe und Füllhöhe nur kurze Zeitspannen von einer viertel, halben oder ganzen Stunde. Ch. P-G.

Literaturhinweise

J. Abeler, Das Wuppertaler Uhrenmuseum (1971), 18f.

E. Baumgartner, J. Krueger, Phoenix aus Sand und Asche. Glas des Mittelalters. Ausstellungskatalog Bonn-Basel (1988), 445ff.

M. Bobinger, Alt-Augsburger Kompassmacher (1986).

H. Kühnel, Zeitbegriff und Zeitmessung. In: H. Kühnel (Hrsg.), Alltag im Spätmittelalter (1984), 10.

K. Laermann von Oy, Sonnenuhren (1984).

E. Zinner, Deutsche und niederländische astronomische Instrumente des 11. – 18. Jahrhunderts (1967).

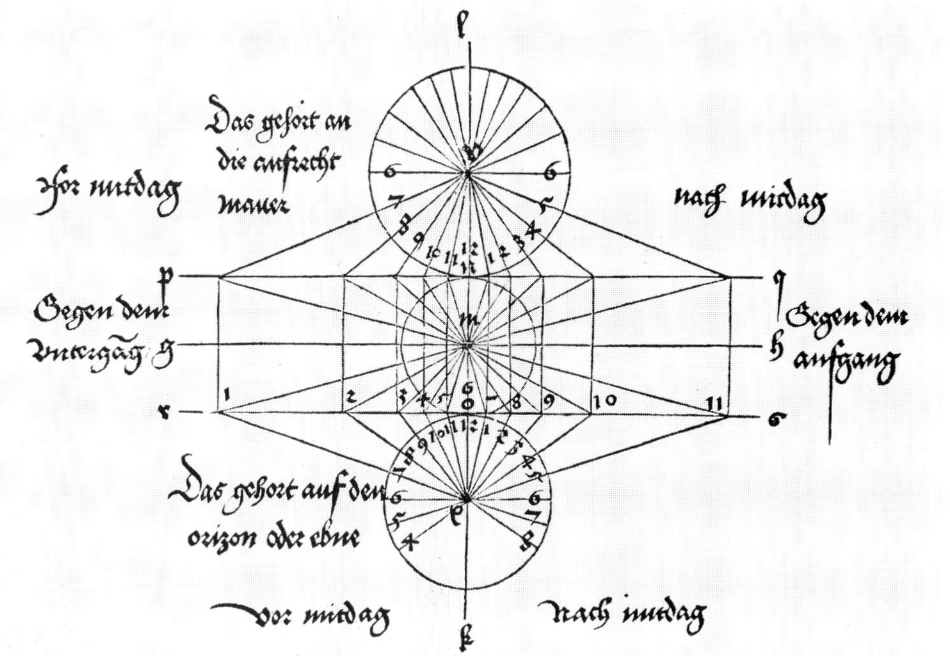

202 *Konstruktionszeichnung zu einer Sonnenuhr von Albrecht Dürer; Staatsbibl. Bamberg.*

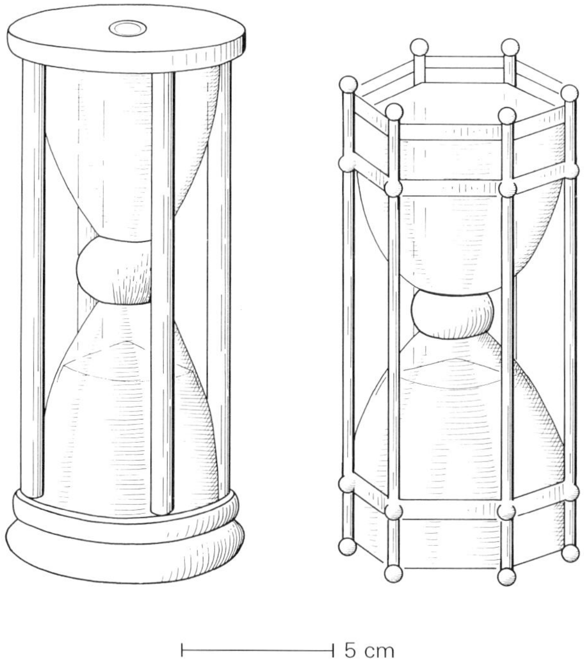

203 *Sanduhren mit Holz- oder Metallgehäuse.*

Bildnachweis

Alte Pinakothek, München, Foto Museum; 112
Bayerische Staatsbibliothek, München; 41, 129, 173, 182
Bibliothèque Municipale, Lyon; 15
Bibliothèque Nationale, Paris, Foto R M N; 6, 22, 190
Foto Th. Henne, Mannheim; 26, 27, 28, 29, 40, 52, 65, 66, 67, 68, 70, 71, 73, 77, 80, 82, 83, 84, 86, 87, 89, 92, 95, 97, 98, 99, 100, 104, 105, 106, 107, 108, 109, 111, 113, 114, 115, 117, 118, 119, 121, 130, 133, 134, 140, 141, 142, 143, 144, 146, 148, 150, 155, 157, 159, 162, 166, 170, 178, 180, 181, 183, 184, 188, 189, 191, 192, 193, 195, 196, 197
Foto Marburg; 120
Germanisches Nationalmuseum Nürnberg, Foto Museum; 187
Graphische Sammlung Albertina, Wien, Foto Museum; 163
Groeningemuseum, Brugge, Foto H. Maertens; 75
Historisches Museum Basel, Foto M. Babey; 13
Historisches Museum der Pfalz, Speyer, Foto Museum; 103
Historisches Museum Frankfurt am Main, Foto Museum; 101
ID – Illustration & Design, Mannheim; 1, 4, 23, 24, 42, 43, 44, 45, 50, 61, 63, 64, 131, 194
Imareal, Krems an der Donau, Foto Tarcsay; 17
Kunsthistorisches Museum Wien, Foto Museum; 79
Kunstmuseum Düsseldorf, Foto Museum; 165
Kunstsammlungen der Veste Coburg, Kupferstichkabinett, Foto Museum; 88
Kurpfälzisches Museum der Stadt Heidelberg, Foto Museum; 48, 160
LDA Freiburg, Foto Zachmann; 102
LDA Karlsruhe; 2, 3, 8, 9, 10, 14, 18, 19, 20, 21, 33, 35, 36, 37, 38, 57, 60, 62
Martin von Wagner Museum der Universität Würzburg, Foto Museum; 167
Münchener Werkstätten für Restaurierung, Foto H. J. Ranz; 122, 123, 124, 125, 126, 127, 128, 161, 164, 166, 169
Musée des Beaux Arts, Lille, Foto Museum; 136
Musée du Louvre, Paris, Foto Museum; 199
Musée Sandelin, Saint-Omer, Foto Museum; 132
Museum Boymans-van Beuningen, Rotterdam, Foto Museum; 96
Nationalmuseum Stockholm, Foto Museum; 110
Niedersächsische Staats- und Universitätsbibliothek Göttingen; 158, 179, 198
Niemeyer Tabaksmuseum, Groningen, Foto Museum; 149
Staatliche Museen Preußischer Kulturbesitz, Gemäldegalerie im Bodemuseum, Berlin, Foto Museum; 93
Staatliche Museen Preußischer Kulturbesitz, Kupferstichkabinett, Berlin, Foto J. P. Anders; 81
Staatsbibliothek Bamberg; 139, 202
Stadtarchiv Heidelberg; 30, 31, 32, 47, 51, 53, 54, 55, 56, 186
Tiroler Landesmuseum Ferdinandeum, Innsbruck, Foto Frischauf; 58
Universitätsbibliothek Heidelberg; 171
Zeichenbüro Ph. Dolmazon, Heidelberg; 5, 7, 11, 12, 25, 34, 39, 46, 49, 69, 72, 74, 76, 78, 90, 94, 116, 135, 137, 138, 145, 147, 154, 156, 172, 174, 175, 176, 177, 185, 200, 201, 203
Alle anderen Fotos und Abbildungen: LDA Baden-Württemberg.